工程造价轻课系列(互联网+版)

造价基础入门篇　轻松学　没包袱

鸿图教育　主　编

清華大学出版社

北京

内 容 简 介

本书以《建设工程工程量清单计价规范》(GB 50500—2013)、《房屋建筑与装饰工程工程量计算规范》(GB 50854—2013)为依据，以建筑和装饰工程所包含的分部分项工程为主线，以手工计算和软件计算相结合为手段，以三种不同状态下的图片为映衬，尽可能全面地为读者提供完整的预算小实例，帮助读者尽快了解工程造价的有关内容。

本书内容包含建筑和装饰两部分，涉及建筑面积，土石方工程，地基处理与边坡支护工程，桩基工程，砌筑工程，混凝土及钢筋混凝土工程，金属结构工程，木结构工程，门窗工程，屋面和防水工程，保温、隔热、防腐工程，楼地面装饰工程，墙、柱面装饰工程，天棚工程，油漆、涂料、裱糊工程，其他装饰及拆除工程，分别与软件计算所包含的内容方向相对应，为读者学习软件计算以及相应的工程计价提供铺垫。

本书适合工程造价、工程管理、房地产管理与开发、建筑工程技术、工程经济等与造价相关专业即将毕业以及刚刚或准备从事造价行业的人员学习参考，可以作为造价人员自学的首选书籍，还可供结构设计人员、施工技术人员、工程监理人员等参考使用，同时也可以作为高等院校的教学和参考用书。

图书在版编目(CIP)数据

造价基础入门篇　轻松学　没包袱/鸿图教育主编. —北京：清华大学出版社，2018(2025.4重印)
(工程造价轻课系列(互联网+版))
ISBN 978-7-302-50159-6

Ⅰ. ①造…　Ⅱ. ①鸿…　Ⅲ. ①建筑造价　Ⅳ. ①TU723.3

中国版本图书馆 CIP 数据核字(2018)第 112443 号

责任编辑： 桑任松
封面设计： 李　坤
责任校对： 李玉茹
责任印制： 刘　菲
出版发行： 清华大学出版社
　　网　　址： https://www.tup.com.cn, https://www.wqxuetang.com
　　地　　址： 北京清华大学学研大厦 A 座　　**邮　　编：** 100084
　　社 总 机： 010-83470000　　**邮　　购：** 010-62786544
　　投稿与读者服务： 010-62776969, c-service@tup.tsinghua.edu.cn
　　质量反馈： 010-62772015, zhiliang@tup.tsinghua.edu.cn
　　课件下载： https://www.tup.com.cn,010-62791865
印 装 者： 三河市龙大印装有限公司
经　　销： 全国新华书店
开　　本： 185mm×230mm　　**印　张：** 15.75　　**字　数：** 380 千字
版　　次： 2018 年 7 月第 1 版　　**印　次：** 2025 年 4 月第10 次印刷
定　　价： 48.00 元

产品编号：077110-01

前　言

在现代的预算领域，预算软件的有些细节部分还不完善，经常会在我们预算的关键时候卡壳。电算(指用计算机及相关设备进行运算，也称软件计算)不能包含一切，有些东西还需要手算。手工预算是传统的预算方法，它便于领导检查、核对，自己检查也得心应手。特别是在结算、审计过程中，手算的作用更加重要。为了迎合当前的市场需要，我们特组织相关专业人员编写了本书。

《造价基础入门篇　轻松学　没包袱》作为工程造价轻课系列的基础入门书籍，在引导读者进入一种特定的学习模式中起着举足轻重的作用。笨拙的手工计算在工程造价中逐步被软件计算所代替，但手工计算始终是将理论知识应用到实践的一种最好的诠释方式。手工算量是基础，入行的人首先应该了解手工算量，清楚怎么算、为什么这么算、如何套用定额。通过对本书的学习，可以使预算人员熟悉整个造价工程，能基本看懂图纸，为造价的后续学习奠定基础。

本书以国家及住房和城乡建设部颁布的《建设工程工程量清单计价规范》(GB 50500—2013)、《房屋建筑与装饰工程工程量计算规范》(GB 50854—2013)为依据，以小实例的形式呈现建筑与装饰工程的分部分项工程，以手工计算和软件计算相结合为手段，以三种不同状态下的图片为映衬，尽可能全面地为读者提供完整的预算小实例，帮助读者尽快了解工程造价的有关内容。书中实例先是以现场施工图展现，让读者在了解基本的工程概况和现场图之后心中有个基本概念；然后是三维立体图，更进一步强化这个工程的抽象概念；对立体图片有了一定的印象之后，再看平面图就会感觉更容易了。

本书与同类书相比有如下显著特点。

(1) 书中实例紧密结合实际，配置现场施工图和三维立体效果图，清晰明了。

(2) 结合清单规范，进行手算和电算两种计算，顺应发展趋势。

(3) 计算式中对应数据添加相应小贴士，贴心注释。

(4) 经验技巧分析，巩固知识点以及电算技巧。

(5) 配备大量的图片、录音、音频、现场施工视频与讲解等，通过扫描二维码的形式再次展现分部分项工程的构造，直观形象，真实性强。

本书由鸿图教育主编，由黄华和杨霖华担任总策划，由张利霞、刘家印和付军平担任副主编，其中本书的第 1 章到第 2 章由刘家印负责编写，第 3 章由刘瀚负责编写，第 4 章由付军平负责编写，第 5 章由张利霞负责编写，第 6 章由赵小云负责编写，第 7 章由王朋粉负责编写，第 8 章由何长江负责编写，第 9 章由姬青丽负责编写，第 10 章由许卫东负责编写，第 11 章由杜炳辉负责编写，第 12 章由孙艳涛负责编写，第 13 章和第 15 章由黄华负责编写，第 14 章由李晓娟负责编写，第 16 章和第 17 章由杨霖华负责编写，全书由黄华和杨霖华负责统稿。

本书在编写过程中，得到了许多同行的支持与帮助，在此一并表示感谢。由于编者水平有限和时间紧迫，书中难免有错误和不妥之处，望广大读者批评指正。如有疑问，可发邮件至 zjyjr1503@163.com 或是申请加入 QQ 群(号码为 465893167)与编者联系，同时也欢迎关注微信公众号“鸿图造价”反馈问题。

编　者

目 录

第1章 建筑有多大的『面子』

1.1　不得不知的建筑“面子”的范畴

1.1.1　层高大于 2.2m，计算建筑面积

【例 1-1】 某单层建筑，层高为 3m，墙厚为 200mm，长为 10.5m，宽为 15m，试求其建筑面积。

解：

建筑面积与建筑占地面的区别.mp3

1. 建筑平面图

建筑平面图如图 1-1 所示。

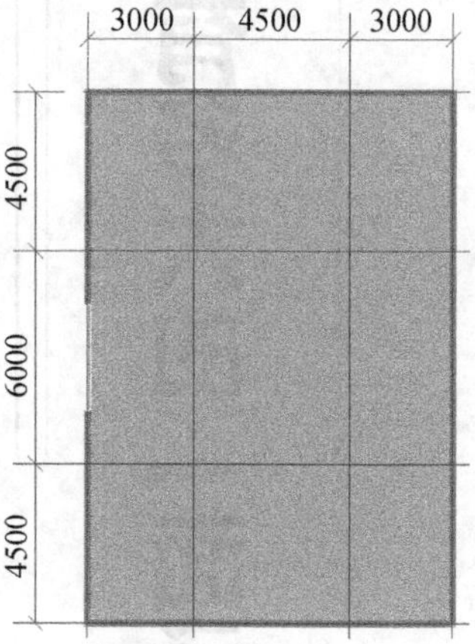

图 1-1　建筑平面图

2. 手工清单算量

1)　工程量计算规则

建筑面积:建筑物的建筑面积是指自然层墙裙外墙结构外围水平面积之和。结构层高在 2.20m 及以上的，应计算全面积；结构层高在 2.20m 以下的，应计算 1/2 面积。

2)　工程量计算

因建筑物高度 3m＞2.2m，所以应计算全面积。

建筑面积=(10.5+0.2)×(15+0.2)m^2=162.64m^2

3. 电算工程量

建筑面积电算工程量示意图如图 1-2 所示。

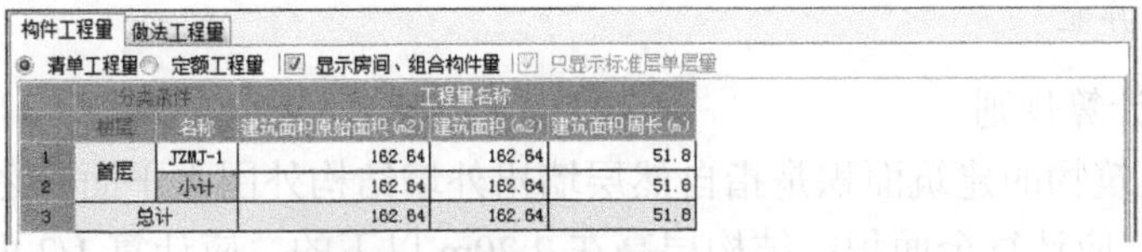

构件工程量　做法工程量

清单工程量　定额工程量　显示房间、组合构件量　只显示标准层单层量

	分类条件		工程量名称		
	楼层	名称	建筑面积原始面积(m2)	建筑面积(m2)	建筑面积周长(m)
1	首层	JZMJ-1	162.64	162.64	51.8
2		小计	162.64	162.64	51.8
3	总计		162.64	162.64	51.8

图 1-2　建筑面积电算工程量示意图

4. 技巧分享

(1) 建筑面积在软件中的绘制步骤：在绘图输入界面中单击“建筑面积”→在构件列表中单击“新建”→新建建筑面积→在属性编辑器中修改建筑面积的属性→在构件列表中 JZMJ-1 上单击右键复制相同的建筑面积→单击绘图按钮绘入建筑面积构件。

(2) 计算建筑面积的时候首先要考虑建筑标高及建筑尺寸，同时结合建筑面积计算规则进行算量。

1.1.2　层高小于 2.2mm，计算建筑面积

【例 1-2】 某单层建筑，层高为 1.8m，墙厚为 200mm，长为 10.5m，宽为 15m，试求其建筑面积。

解：

1. 建筑平面图

建筑平面图如图 1-3 所示。

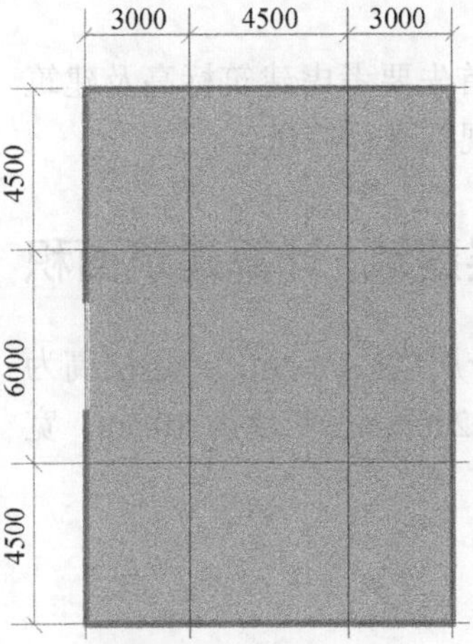

图 1-3　建筑平面图

2. 手工清单算量

1)　工程量计算规则

建筑面积:建筑物的建筑面积是指自然层墙裙外墙结构外围水平面积之和。结构层高在 2.20m 及以上的，应计算全面积；结构层高在 2.20m 以下的，应计算 1/2 面积。

2)　工程量计算

因建筑物高度为 1.8m＜2.2m，所以应计算 1/2 面积。

建筑面积=1/2×(10.5+0.2)×(15+0.2)m^2=81.32m^2

3. 电算工程量

建筑面积电算工程量示意图如图 1-4 所示。

构件工程量　做法工程量

清单工程量　定额工程量　显示房间、组合构件量　只显示标准层单层量

	分类条件		工程量名称		
	楼层	名称	建筑面积原始面积(m2)	建筑面积(m2)	建筑面积周长(m)
1	第2层	JZMJ-1	162.64	81.32	51.8
2		小计	162.64	81.32	51.8
3	总计		162.64	81.32	51.8

图 1-4　建筑面积电算工程量示意图

4. 技巧分享

(1)　建筑面积在软件中的绘制步骤：在绘图输入界面中单击“建筑面积”→在构件列表中单击“新建”→新建建筑面积→在属性编辑器中修改建筑面积的属性→在构件列表中 JZMJ-1 上右击复制相同的建筑面积→单击绘图按钮绘入建筑面积构件。

(2)　计算建筑面积的时候首先要考虑建筑标高及建筑尺寸，同时结合建筑面积计算规则进行算量。

1.1.3　层高不同的多层建筑，计算建筑面积

【例 1-3】 某多层建筑，一层层高为 2m，二层层高为 2.5m，三层层高为 3m，墙厚为 200mm，长度为 10.5m，宽度为 15m，试求其建筑面积。

解：

1. 建筑平面图

建筑平面图如图 1-5 所示。

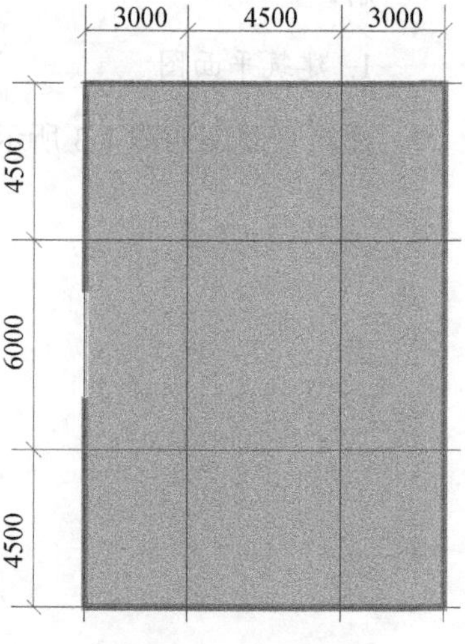

图 1-5　建筑平面图

2. 手工清单算量

1) 工程量计算规则

建筑面积：建筑物内设有局部楼层时，对于局部楼层的二层及以上楼层，有围护结构的应按其围护结构外围水平面积计算，无围护结构的应按其结构底板水平面积计算，且结构层高在 2.20m 及以上的，应计算全面积，结构层高在 2.20m 以下的，应计算 1/2 面积。

2) 工程量计算

因建筑物一层高度 2m＜2.2m，所以应计算 1/2 面积；因建筑物二层高度 2.5m＞2.2m，所以应计算全面积；因建筑物三层高度 3m＞2.2m，所以应计算全面积。

建筑面积=$[1\div2\times(10.5+0.2)\times(15+0.2)+(10.5+0.2)\times(15+0.2)+(10.5+0.2)\times(15+0.2)]m^2=406.6m^2$

3. 电算工程量

电算工程量示意图如图 1-6～图 1-8 所示。

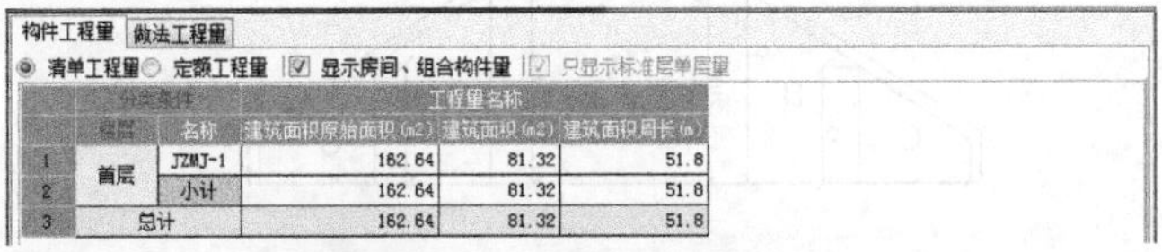

	分类条件		工程量名称		
	楼层	名称	建筑面积原始面积(m2)	建筑面积(m2)	建筑面积周长(m)
1	首层	JZMJ-1	162.64	81.32	51.8
2		小计	162.64	81.32	51.8
3	总计		162.64	81.32	51.8

图 1-6 首层电算工程量示意图

	分类条件		工程量名称		
	楼层	名称	建筑面积原始面积(m2)	建筑面积(m2)	建筑面积周长(m)
1	第2层	JZMJ-1	162.64	162.64	51.8
2		小计	162.64	162.64	51.8
3	总计		162.64	162.64	51.8

图 1-7 二层电算工程量示意图

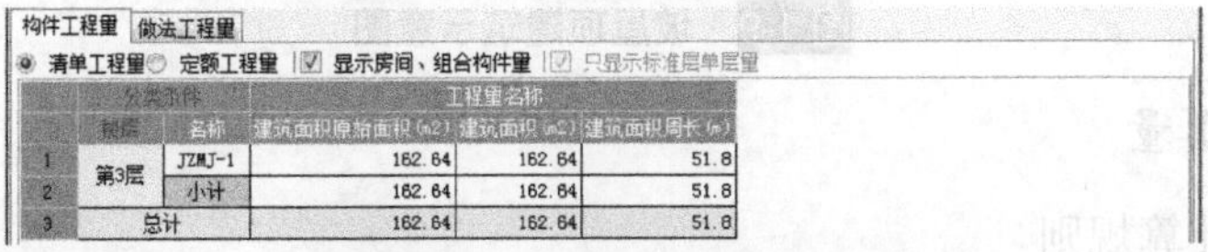

	分类条件		工程量名称		
	楼层	名称	建筑面积原始面积(m2)	建筑面积(m2)	建筑面积周长(m)
1	第3层	JZMJ-1	162.64	162.64	51.8
2		小计	162.64	162.64	51.8
3	总计		162.64	162.64	51.8

图 1-8 三层电算工程量示意图

4. 技巧分享

(1) 建筑面积在软件中的绘制步骤：在绘图输入界面中单击“建筑面积”→在构件列表中单击“新建”→新建建筑面积→在属性编辑器中修改建筑面积的属性→在构件列表中 JZMJ-1 上右击复制相同的建筑面积→单击绘图按钮绘入建筑面积构件。

(2) 计算建筑面积的时候首先要考虑建筑标高及建筑尺寸，同时结合建筑面积计算规则进行算量。

1.1.4 坡屋顶净高不同，计算建筑面积

【例 1-4】某单层建筑，建筑物用坡屋顶，其中坡度顶板到地面的净高分别为 2.5m、1.5m、1.1m，墙厚为 200mm，轴线为墙体中心线，总长为 10.5m，总宽为 15m，试求其建筑面积。

解：

1. 坡屋顶建筑图

坡屋顶建筑示意图如图 1-9 所示。

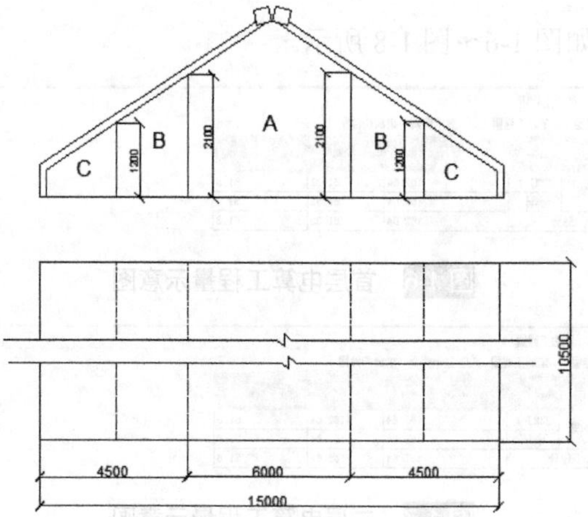

图 1-9 坡屋顶建筑示意图

2. 手工清单算量

1) 工程量计算规则

建筑面积：对于形成建筑空间的坡屋顶，结构净高在 2.10m 及以上的部位应计算全面积；结构净高在 1.20m 及以上至 2.10m 以下的部位应计算 1/2 面积；结构净高在 1.20m 以下的部位不应计算建筑面积。

2) 工程量计算

因建筑物 A 部分结构净高为 2.5m，超过 2.1m，所以该部位应计算全面积；因建筑物 B 部分结构净高为 1.5m，在 1.2m～2.1m 之间，所以该部位应计算 1/2 面积；因建筑物 C 部分结构净高为 1.1m，低于 1.2m，所以该部位不计算建筑面积。

$$建筑面积=(10.5\times6+10.5\times2\times2\times\frac{1}{2}+0)m^2=84.00m^2$$

3. 电算工程量

建筑面积电算工程量示意图如图 1-10 所示。

清单工程量 定额工程量 显示房间、组合构件量 只显示标准层单层量

	分类条件		工程量名称			
	楼层	名称	原始面积(m2)	面积(m2)	周长(m)	综合脚手架面积(m2)
1	首层	JZMJ-1	64.2	32.1	33.4	32.1
2		JZMJ-2	49.22	49.22	30.6	49.22
3		小计	113.42	81.32	64	81.32
4	总计		113.42	81.32	64	81.32

图 1-10 建筑面积电算工程量示意图

4. 技巧分享

(1) 建筑面积在软件中的绘制步骤：在绘图输入界面中单击“建筑面积”→在构件列表中单击“新建”→新建建筑面积→在属性编辑器中修改建筑面积的属性→在构件列表中 JZMJ-1 上单击右键复制相同的建筑面积→单击绘图按钮绘入建筑面积构件。

(2) 计算建筑面积的时候首先要考虑建筑标高及建筑尺寸，同时结合建筑面积计算规则进行算量。

1.1.5 体育场有不同净高的看台，计算建筑面积

【例 1-5】 某建筑设有体育场看台，其中体育场看台到地面的净高分别为 2.4m、1.4m、1.0m，墙厚为 200mm，总长为 10.5m，总宽为 15m，试求其体育场看台建筑面积。

解：

1. 体育场看台现场示意图

体育场看台现场示意图如图 1-11 所示。

图 1-11 体育场看台现场示意图

2. 体育场看台建筑平面图

体育场看台建筑平面图如图 1-12 所示。

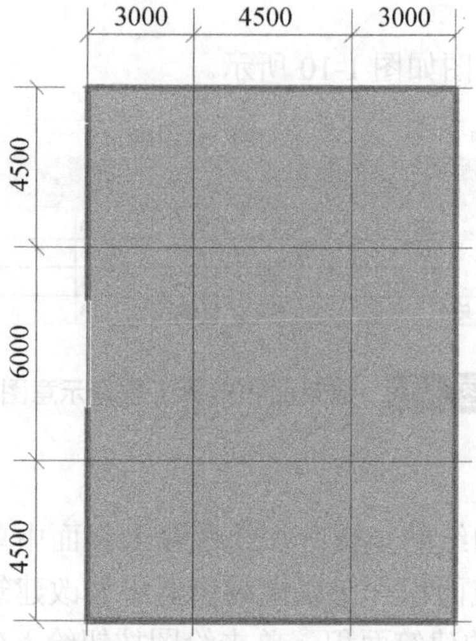

图 1-12　体育场看台建筑平面图

3. 手工清单算量

1)　工程量计算规则

建筑面积：对于场馆看台下的建筑空间，结构净高在 2.10m 及以上的部位应计算全面积；结构净高在 1.20m 及以上至 2.10m 以下的部位应计算 1/2 面积；结构净高在 1.20m 以下的部位不应计算建筑面积。室内单独设置的有围护设施的悬挑看台，应按看台结构底板水平投影面积计算建筑面积。有顶盖无围护结构的场馆看台应按其顶盖水平投影面积的 1/2 计算面积。

2)　工程量计算

因体育场看台 A 部分结构净高为 2.4m，超过 2.10m，所以应计算全面积；因体育场看台 B 部分结构净高为 1.4m，在 1.2m～2.1m，所以应计算 1/2 面积；因体育场看台 C 部分结构净高为 1.0m，低于 1.2m 以下，所以不计算建筑面积。

建筑面积=$[(10.5+0.2)\times(4.5+0.2/2)+1\div2\times(10.5+0.2)\times6+0]m^2=81.32m^2$

4. 电算工程量

电算工程量示意图如图 1-13 所示。

◉ 清单工程量 ○ 定额工程量 ☑ 显示房间、组合构件量 ☑ 只显示标准层单层量

	分类条件		工程量名称			
	楼层	名称	原始面积(m2)	面积(m2)	周长(m)	综合脚手架面积(m2)
1	首层	JZMJ-1	64.2	32.1	33.4	32.1
2		JZMJ-2	49.22	49.22	30.6	49.22
3		小计	113.42	81.32	64	81.32
4	总计		113.42	81.32	64	81.32

图 1-13 电算工程量示意图

5. 技巧分享

(1) 建筑面积在软件中的绘制步骤：在绘图输入界面中单击“建筑面积”→在构件列表中单击“新建”→新建建筑面积→在属性编辑器中修改建筑面积的属性→在构件列表中JZMJ-1上右击复制相同的建筑面积→单击绘图按钮绘入建筑面积构件。

(2) 计算建筑面积的时候首先要考虑建筑标高及建筑尺寸，同时结合建筑面积计算规则进行算量。

1.1.6 计算地下室的建筑面积

【例 1-6】 某单层建筑，地下室的层高为 2.5m，墙厚为 200mm，总长为 10.5m，总宽为 15m，试求其地下室建筑面积。

解：

1. 建筑平面图

建筑平面图如图 1-14 所示。

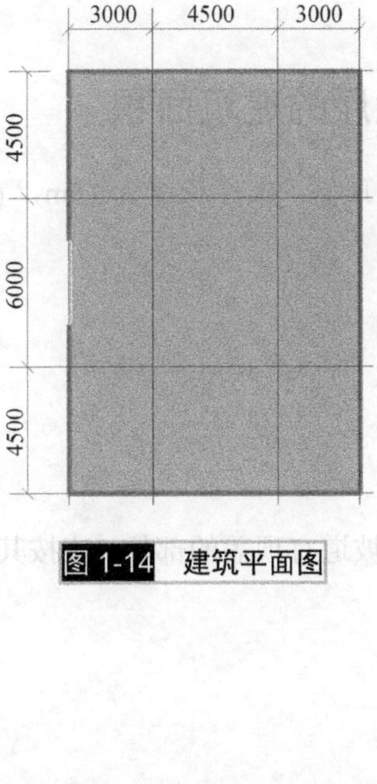

图 1-14 建筑平面图

2. 手工清单算量

1)　工程量计算规则

建筑面积：地下室、半地下室应按其结构外围水平面积计算。结构层高在 2.20m 及以上的，应计算全面积；结构层高在 2.20m 以下的，应计算 1/2 面积。

2)　工程量计算

因建筑物地下室层高为 2.5m，超过 2.2m，所以应计算全面积。

建筑面积=(10.5+0.2)×(15+0.2)m^2=162.64m^2

3. 电算工程量

电算工程量示意图如图 1-15 所示。

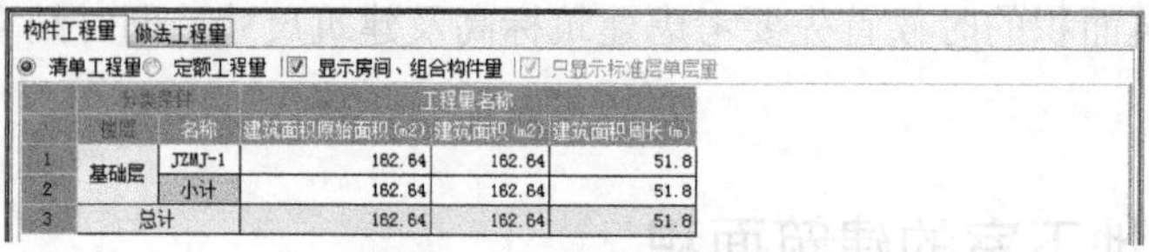
构件工程量　做法工程量
清单工程量　定额工程量　显示房间、组合构件量　只显示标准层单层量

	分类条件		工程量名称		
	楼层	名称	建筑面积原始面积(m2)	建筑面积(m2)	建筑面积周长(m)
1	基础层	JZMJ-1	162.64	162.64	51.8
2		小计	162.64	162.64	51.8
3	总计		162.64	162.64	51.8

图 1-15　电算工程量示意图

4. 技巧分享

(1)　建筑面积在软件中的绘制步骤：在绘图输入界面中单击“建筑面积”→在构件列表中单击“新建”→新建建筑面积→在属性编辑器中修改建筑面积的属性→在构件列表中 JZMJ-1 上右击复制相同的建筑面积→单击绘图按钮绘入建筑面积构件。

(2)　计算建筑面积的时候首先要考虑建筑标高及建筑尺寸，同时结合建筑面积计算规则进行算量。

1.1.7　计算有顶盖的大厅的建筑面积

【例 1-7】 某建筑大厅，有顶盖，大厅长度为 15m，宽度为 15m，试求其建筑面积。

解：

1. 建筑平面图

建筑平面图如图 1-16 所示。

2. 手工清单算量

1)　工程量计算规则

建筑面积：出入口外墙外侧坡道有顶盖的部位，应按其外墙结构外围水平面积的 1/2 计算面积。

2) 工程量计算

因建筑物大厅有顶盖部位，所以应计算 1/2 面积。

建筑面积=$1/2\times(15+0.2)\times(15+0.2)m^2=115.52m^2$

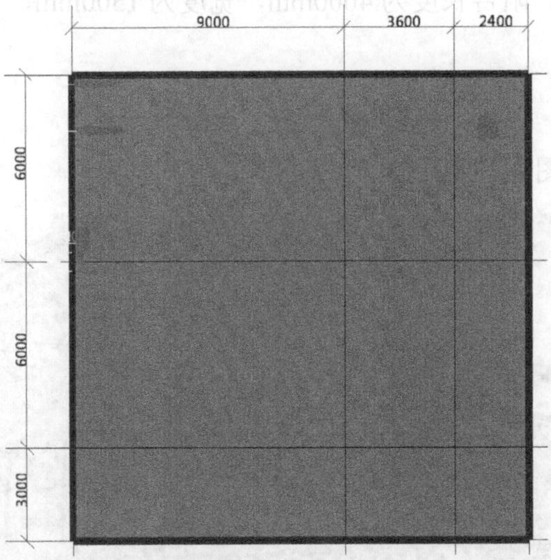

图 1-16 建筑平面图

3. 电算工程量

电算工程量示意图如图 1-17 所示。

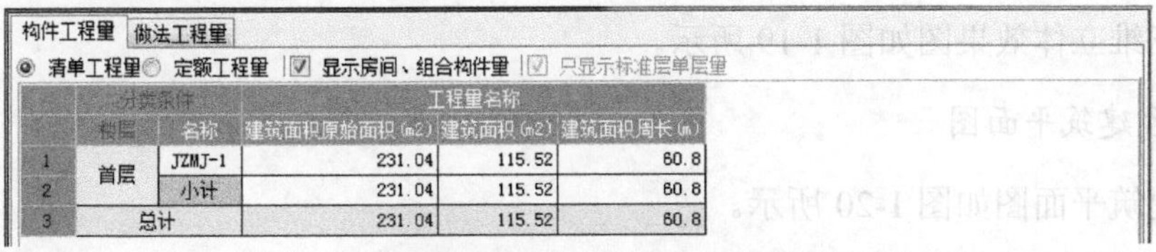

	分类条件		工程量名称		
	楼层	名称	建筑面积原始面积(m2)	建筑面积(m2)	建筑面积周长(m)
1	首层	JZMJ-1	231.04	115.52	60.8
2		小计	231.04	115.52	60.8
3	总计		231.04	115.52	60.8

图 1-17 电算工程量示意图

4. 技巧分享

(1) 建筑面积在软件中的绘制步骤：在绘图输入界面中单击“建筑面积”→在构件列表中单击“新建”→新建建筑面积→在属性编辑器中修改建筑面积的属性→在构件列表中 JZMJ-1 上右击复制相同的建筑面积→单击绘图按钮绘入建筑面积构件。

(2) 计算建筑面积的时候首先要考虑建筑标高及建筑尺寸，同时结合建筑面积计算规则进行算量。

1.1.8 计算某建筑的阳台建筑面积

【例 1-8】 某建筑，阳台长度为 4000mm，宽度为 1500mm，试求其建筑面积。

解：

1. 阳台现场示意图

阳台现场示意图如图 1-18 所示。

图 1-18　阳台现场示意图

2. 阳台三维立体效果图

阳台三维立体效果图如图 1-19 所示。

3. 阳台建筑平面图

阳台建筑平面图如图 1-20 所示。

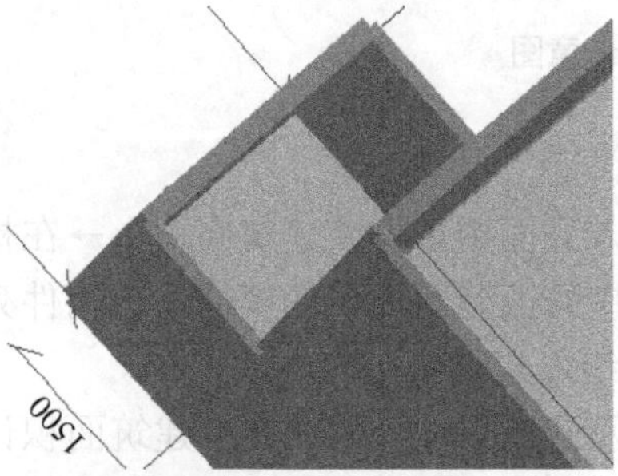

图 1-19　阳台三维立体效果图

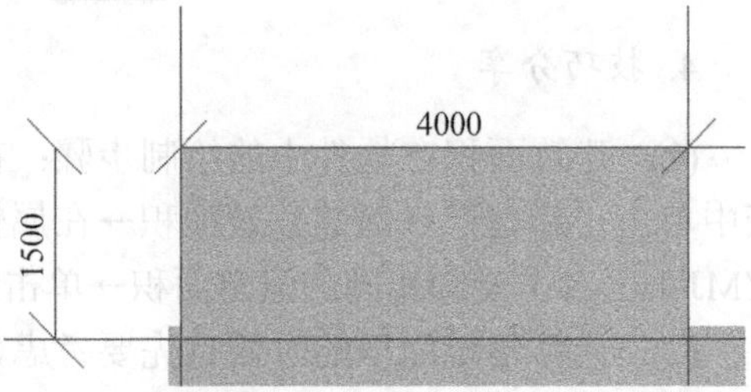

图 1-20　阳台建筑平面图

4. 手工清单算量

1) 工程量计算规则

在主体结构内的阳台，应按其结构外围水平面积计算全面积；在主体结构外的阳台，应按其结构底板水平投影面积的 1/2 计算。

2) 工程量计算

阳台建筑面积=$1/2\times4\times1.5m^2=3m^2$

5. 电算工程量

阳台电算工程量示意图如图 1-21 所示。

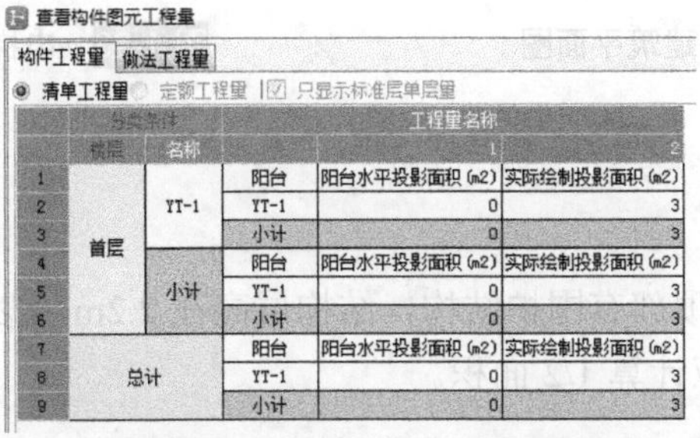
查看构件图元工程量

构件工程量 做法工程量

清单工程量 定额工程量 只显示标准层单层量

	分类条件		工程量名称		
	楼层	名称		1	2
1	首层	YT-1	阳台	阳台水平投影面积(m2)	实际绘制投影面积(m2)
2			YT-1	0	3
3			小计	0	3
4		小计	阳台	阳台水平投影面积(m2)	实际绘制投影面积(m2)
5			YT-1	0	3
6			小计	0	3
7	总计		阳台	阳台水平投影面积(m2)	实际绘制投影面积(m2)
8			YT-1	0	3
9			小计	0	3

图 1-21 阳台电算工程量示意图

6. 技巧分享

(1) 建筑面积在软件中的绘制步骤：在绘图输入界面中单击“阳台”→在构件列表中单击“新建”→新建阳台建筑面积→在属性编辑器中修改阳台的属性→在构件列表中 YT-1 上右击复制相同的阳台→单击绘图按钮绘入阳台构件。

(2) 计算阳台建筑面积的时候首先要考虑建筑标高及建筑尺寸，同时结合建筑面积计算规则进行算量。

1.1.9 计算电梯机房的建筑面积

【例 1-9】某建筑，楼顶设立电梯机房，长度为 3000mm，宽度为 2500mm，机房高度为 2.3m，墙厚度为 200mm，试求电梯机房的建筑面积。

解：

1. 电梯机房建筑平面图

电梯机房建筑平面图如图 1-22 所示。

2. 电梯机房三维立体效果图

电梯机房三维立体效果图如图 1-23 所示。

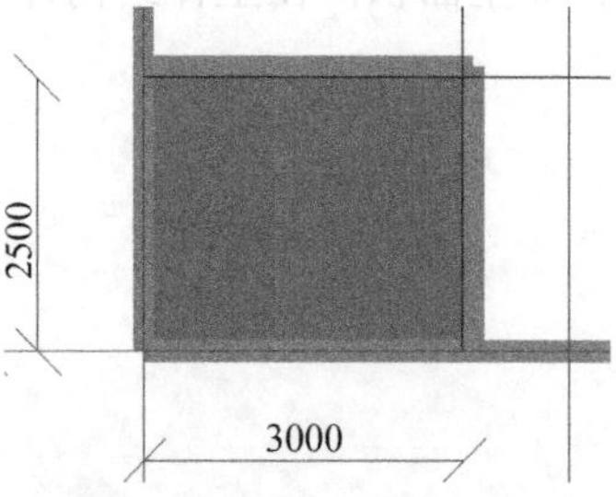

图 1-22　电梯机房建筑平面图

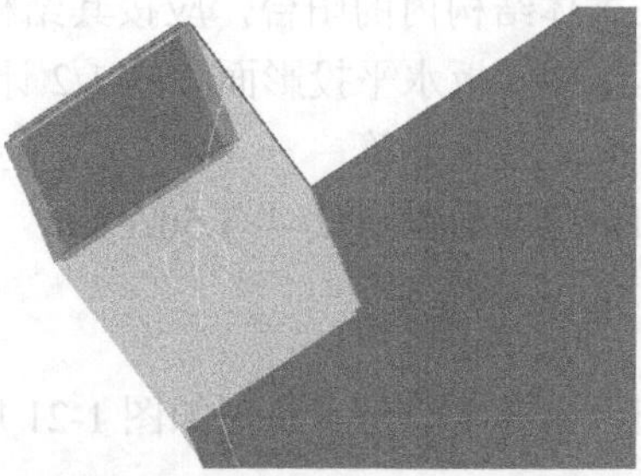

图 1-23　电梯机房三维立体效果图

3. 手工清单算量

1)　工程量计算规则

建筑面积：建筑物的顶部有围护结构，结构层高在 2.2m 及以上的，应计算全面积；结构层高在 2.2m 以下的，应计算 1/2 面积。

2)　工程量计算

建筑面积=$(3+0.2)\times(2.5+0.2)m^2=8.64m^2$

4. 电算工程量

电梯机房电算工程量示意图如图 1-24 所示。

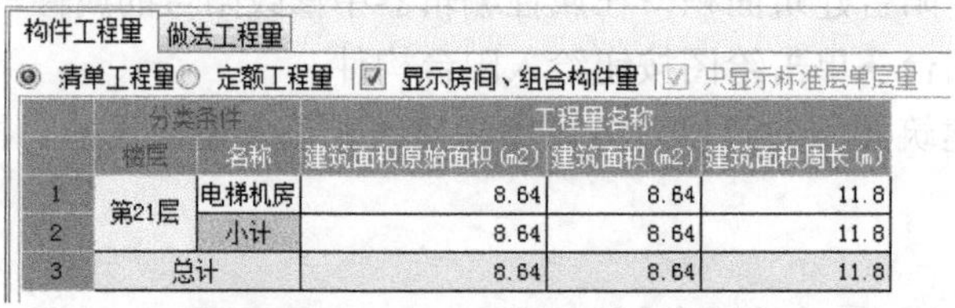

构件工程量　做法工程量

◉ 清单工程量 ○ 定额工程量 ☑ 显示房间、组合构件量 ☑ 只显示标准层单层量

	分类条件		工程量名称		
	楼层	名称	建筑面积原始面积(m2)	建筑面积(m2)	建筑面积周长(m)
1	第21层	电梯机房	8.64	8.64	11.8
2		小计	8.64	8.64	11.8
3	总计		8.64	8.64	11.8

图 1-24　电梯机房电算工程量示意图

5. 技巧分享

(1)　建筑面积在软件中的绘制步骤：在绘图输入界面中单击“建筑面积”→在构件列表中单击“新建”→新建建筑面积→在属性编辑器中修改建筑面积的属性→在构件列表中 JZMJ-1 上右击复制相同的建筑面积→单击绘图按钮绘入建筑面积构件。

(2)　计算建筑面积的时候首先要考虑建筑标高及建筑尺寸，同时结合建筑面积计算规则进行算量。

1.2　不屑知道建筑“面子”的范畴

不需要计算建筑面积的范畴包括以下各项。

(1)　与建筑物内不相连通的建筑部件。

(2)　骑楼、过街楼底层的开放公共空间和建筑物通道。

(3)　舞台及后台悬挂幕布和布景的天桥、挑台等。

(4)　露台、露天游泳池、花架、屋顶的水箱及装饰性结构构件。

(5)　建筑物内的操作平台、上料平台、安装箱和罐体的平台。

(6)　勒脚、附墙柱、垛、台阶、墙面抹灰、装饰面、镶贴块料面层、装饰性幕墙，主体结构外的空调室外机搁板(箱)、构件、配件，挑出宽度在 2.10m 以下的无柱雨篷和顶盖高度达到或超过两个楼层的无柱雨篷。

(7)　窗台与室内地面高差在 0.45m 以下且结构净高在 2.10m 以下的凸(飘)窗，窗台与室内地面高差在 0.45m 及以上的凸(飘)窗。

(8)　室外爬梯、室外专用消防钢楼梯。

(9)　无围护结构的观光电梯。

(10) 建筑物以外的地下人防通道，独立的烟囱、烟道、地沟、油(水)罐、气柜、水塔、储油(水)池、储仓、栈桥等构筑物。

第 1 章　建筑面积.pptx

第2章 『轻松搞定』土石方工程

2.1 一起来玩土方工程

2.1.1 需要一块平地落脚

项目编码：010101001　　　　项目名称：平整场地

【例 2-1】 某建筑场地，长度为 24 000mm，宽度为 21 000mm，试求该建筑的平整场地。

解：

1. 平整场地现场示意图

平整场地现场示意图如图 2-1 所示。

图 2-1　平整场地现场示意图

土石方开挖.mp3

场地平整.mp4

大开挖.mp4

2. 平整场地平面图

平整场地平面图如图 2-2 所示。

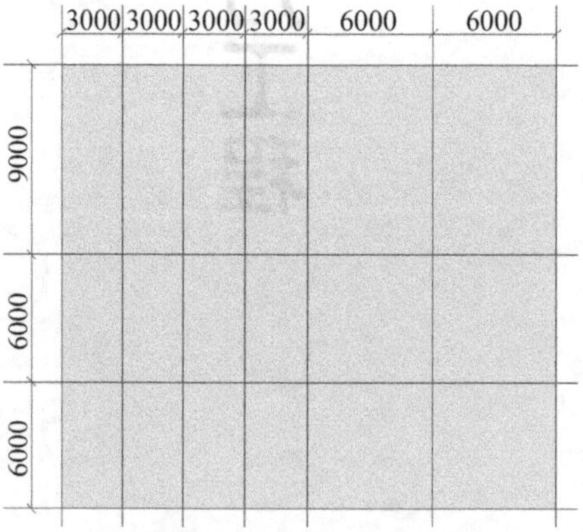

图 2-2　平整场地平面图

3. 手工清单算量

1) 工程量计算规则

平整场地：按设计图示尺寸以建筑物首层建筑面积计算。

2) 清单工程量计算

平整场地工程量=首层建筑面积

平整场地工程量=24×21m^2=504m^2

4. 电算工程量

电算工程量示意图如图 2-3 所示。

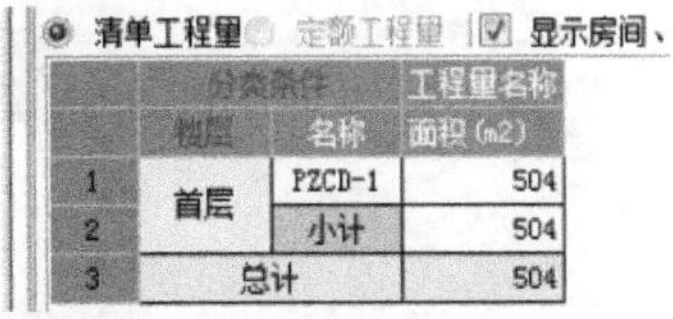
◉ 清单工程量 ○ 定额工程量 ☑ 显示房间、

	分类条件		工程量名称
	楼层	名称	面积(m2)
1	首层	PZCD-1	504
2		小计	504
3	总计		504

图 2-3 平整场地电算工程量示意图

5. 技巧分享

(1) 平整场地在软件中的绘制步骤：在绘图输入界面中单击“其他”→在构件列表中单击“新建”→新建平整场地→在属性编辑器中修改平整场地的属性→在构件列表中 PZCD-1 上右击复制相同的平整场地→单击绘图按钮绘入平整场地构件。

(2) 计算平整场地工程量的时候首先要考虑首层的长宽，同时结合工程量计算规则进行算量。

2.1.2 有碍事的土？挖掉！

项目编码：010101002 项目名称：挖一般土方

【例 2-2】 某建筑场地，挖土方为一类土，已知沟长为 24m，沟宽为 21m，挖土深度为 2000mm，试求挖土方工程量。

解：

1. 挖一般土方现场示意图

挖一般土方现场示意图如图 2-4 所示。

土石方工程汇总.mp4

2. 挖一般土方三维立体效果图

挖一般土方三维立体效果图如图 2-5 所示。

3. 挖一般土方平面图

挖一般土方平面图如图 2-6 所示。

图 2-4　挖一般土方现场示意图

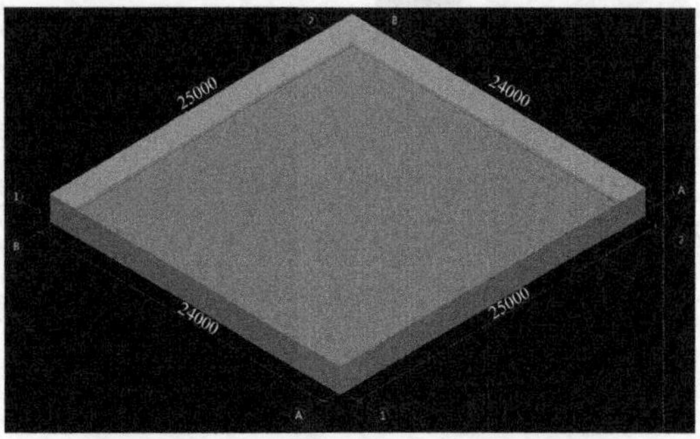

图 2-5　挖一般土方三维立体效果图

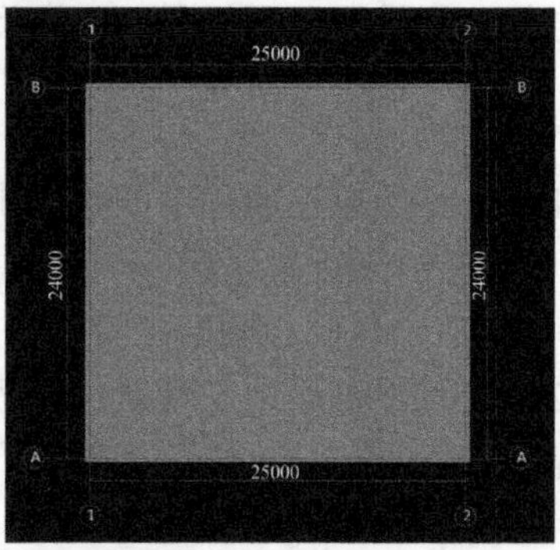

图 2-6　挖一般土方平面图

4. 手工清单算量

1)　工程量计算规则

挖一般土方：按设计图示尺寸以体积计算。

2)　工程量计算

挖一般土方工程量=挖一般土方体积

挖一般土方工程量=$24 \times 21 \times 2m^3 = 1008m^3$

5. 电算工程量

挖一般土方电算工程量示意图如图 2-7 所示。

◎ 清单工程量 ○ 定额工程量 ☑ 显示房间、组合构件量 ☑ 只显示标准层单层量

	分类条件		工程量名称					
	楼层	名称	土方体积(m3)	冻土体积(m3)	挡土板面积(m2)	素土回填体积(m3)	大开挖土方侧面面积(m2)	大开挖土方底面
1	首层	DKW-1	1008	0	180	1008	180	
2		小计	1008	0	180	1008	180	
3	总计		1008	0	180	1008	180	

图 2-7　挖一般土方电算工程量示意图

6. 技巧分享

(1) 挖一般土方在软件中的绘制步骤：在绘图输入界面中单击"大开挖土方"→在构件列表中单击"新建"→新建大开挖土方工程量→在属性编辑器中修改大开挖土方的属性→在构件列表中 DKW-1 上右击复制相同的大开挖土方→单击绘图按钮绘入大开挖土方构件。

(2) 进行大开挖土方工程量计算的时候首先要考虑尺寸，同时结合工程量计算规则进行算量。

2.2 土方君的亲戚石方君

2.2.1 挖沟槽石方

项目编码：010102002　　项目名称：挖沟槽石方

【例 2-3】 某工程，需开挖沟槽石方，沟槽长度为 10.5m，沟槽深 1800mm，沟槽宽 2000mm，试求挖沟槽石方工程量。

挖基坑.mp4

解：

1. 挖沟槽石方现场示意图

挖沟槽石方现场示意图如图 2-8 所示。

2. 挖沟槽石方三维立体效果图

挖沟槽石方三维立体效果图如图 2-9 所示。

图 2-8 挖沟槽石方现场示意图

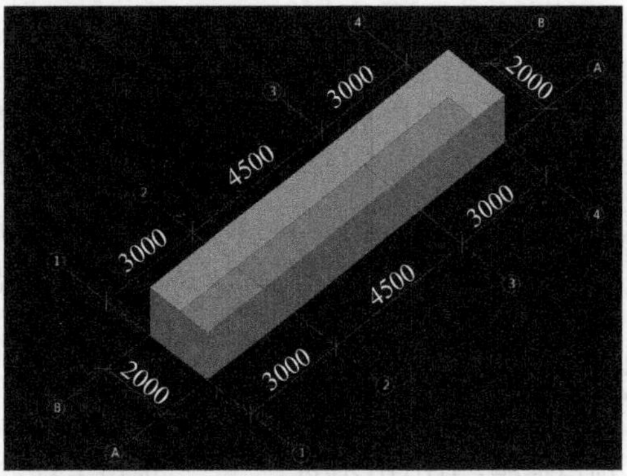

图 2-9 挖沟槽石方三维立体效果图

3. 挖沟槽石方平面图

挖沟槽石方平面图如图 2-10 所示。

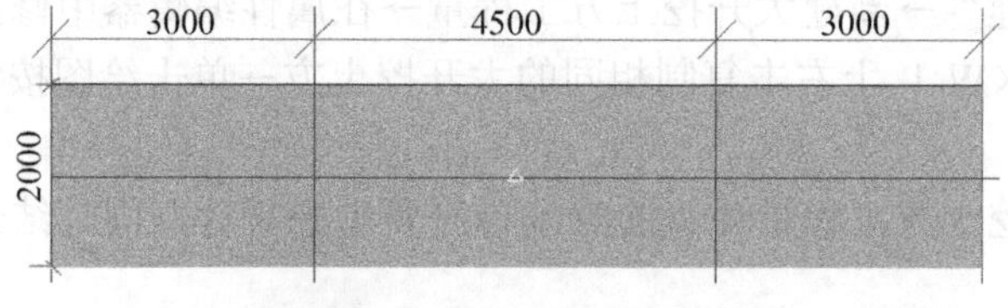

图 2-10　挖沟槽石方平面图

4. 手工清单算量

1)　工程量计算规则

挖沟槽石方：按设计图示尺寸沟槽底面积乘以挖石深度以体积计算。

2)　工程量计算

挖沟槽石方工程量=挖沟槽石方体积

挖沟槽石方工程量=10.5×1.8×2m³ =37.8m³

5. 电算工程量

挖沟槽石方电算工程量示意图如图 2-11 所示。

◉ 清单工程量 ○ 定额工程量 | ☑ 显示房间、组合构件量 | ☑ 只显示标准层单层量

	分类条件		工程量名称						
	楼层	名称	基槽长度 (m)	土方体积 (m3)	东土体积 (m3)	挡土板面积 (m2)	素土回填体积 (m3)	基槽土方侧面面积 (m2)	基槽土
1	首层	GC-1	10.5	37.8	0	37.8	37.8	37.8	
2		小计	10.5	37.8	0	37.8	37.8	37.8	
3	总计		10.5	37.8	0	37.8	37.8	37.8	

图 2-11　挖沟槽石方电算工程量示意图

6. 技巧分享

(1)　挖一般沟槽石方在软件中的绘制步骤：在绘图输入界面中单击“基槽土方”→在构件列表中单击“新建”→新建沟槽土方→在属性编辑器中修改沟槽土方的属性→在构件列表中 GC-1 上右击复制相同的沟槽土方→单击绘图按钮绘入沟槽土方构件。

(2)　计算沟槽土方工程量的时候首先要考虑尺寸，同时结合工程量计算规则进行算量。

2.2.2　挖管沟石方

项目编码：010102004　　　　项目名称：挖管沟石方

【例 2-4】假设在土质为岩石的地方开挖管道沟槽，管道沟槽为长方形，沟长为 40000mm，

沟宽为7000mm，沟深为2000mm，不放坡，管径为400mm的钢管，试求挖管沟石方工程量。

解：

1. 挖管沟石方现场示意图

挖管沟石方现场示意图如图2-12所示。

图2-12 挖管沟石方现场示意图

2. 手工清单算量

1) 工程量计算规则

挖管沟石方：(1)以米计量，按设计图示以管道中心线长度计算；(2)以立方米计量，按设计图示截面积乘以长度计算。

2) 工程量计算

挖管沟石方工程量=管道中心线长度计算

挖管沟石方工程量=40m

2.3 回 填 方

项目编码：010103001 项目名称：回填方

【例2-5】 某施工场地，需要场地回填，已知场地长度为10.5m，宽度为15m，深度为0.8m，试求回填方工程量。

解：

1. 回填方现场示意图

回填方现场示意图如图2-13所示。

2. 回填方三维立体效果图

回填方三维立体效果图如图2-14所示。

图 2-13　回填方现场示意图

图 2-14　回填方三维立体效果图

3. 回填方平面图

回填方平面图如图 2-15 所示。

4. 手工清单算量

1)　工程量计算规则

场地回填：回填面积乘以平均回填厚度。

2)　工程量计算

回填方工程量=回填方体积

回填方工程量=10.5×15×0.8m³ =126m³

5. 电算工程量

回填方电算工程量示意图如图 2-16 所示。

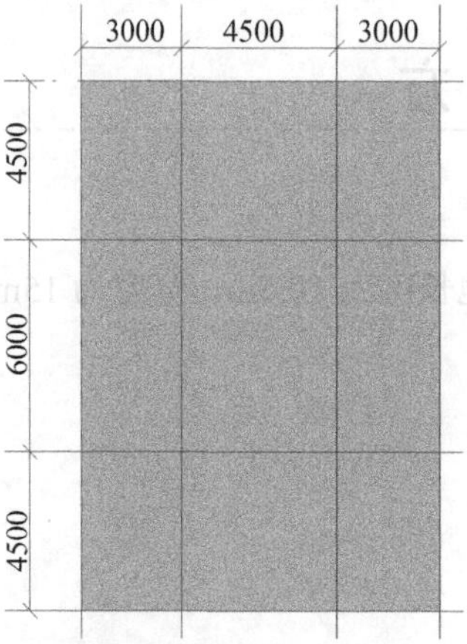

图 2-15　回填方平面图

◉ 清单工程量 ○ 定额工程量 ☑ 显示房间、组合

	分类条件		工程量名称
	楼层	名称	房心回填体积 (m3)
1	首层	FXHT-1	126
2		小计	126
3	总计		126

图 2-16　回填方电算工程量示意图

6. 技巧分享

(1) 回填方在软件中的绘制步骤：在绘图输入界面中单击"房心回填"→在构件列表中单击"新建"→新建房心回填→在属性编辑器中修改房心回填的属性→在构件列表中 FXHT-1 上右击复制相同的房心回填→单击绘图按钮绘入房心回填构件。

(2) 计算房心回填工程量的时候首先要考虑尺寸，同时结合工程量计算规则进行算量。

反铲挖土流程.mp4　　正铲挖土流程.mp4

第 2 章　土石方工程.pptx

第3章 地基处理与边坡支护工程

3.1 “照顾”地基

3.1.1 地基换“面膜”

项目编码：010201001　　项目名称：换填垫层

【例 3-1】已知某建设单位和 A 公司签订的基础施工合同，按照建设单位提供的图纸说明信息，基础是三类土，深度为 5.5m；建筑面积为 1000m^2；垫层厚度为 200mm。但开挖到 4.0m 的时候发现土质变为淤泥类土质，A 公司与建设单位协商后准备采用换填垫层的方法把基础层下 1.5m 内的淤泥换填为符合承载能力的碎石土(换填 480 元/m^3)，问 A 公司能向建设单位索赔多少费用。(按照清单计算规则记取小数点后保留两位)

解：

1. 基础现场施工图

基础现场施工图如图 3-1 所示。

图 3-1 基础现场施工图

2. 换填三维立体效果图

换填三维立体效果图如图 3-2 所示。

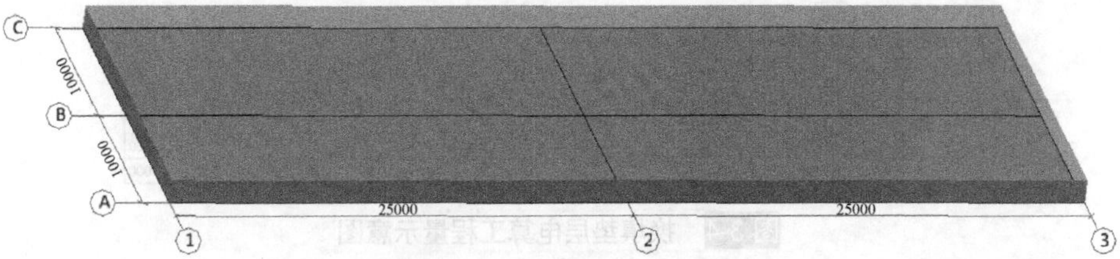

图 3-2 换填三维立体效果图

3. 基础平法施工图

基础平法施工图如图 3-3 所示。

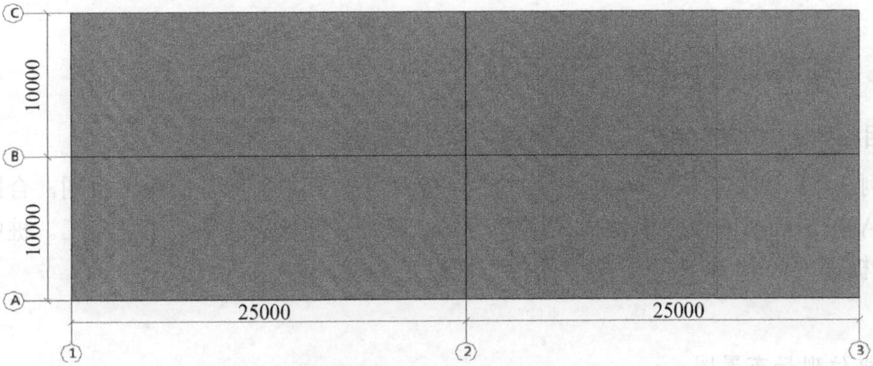

图 3-3 基础平法施工图

4. 手工清单算量

1) 工程量计算规则

按设计图示尺寸以体积计算。

2) 工程量计算

(1) $V=S\times H=1000\text{m}^2\times(1.5-0.2)\text{m}=1300\text{m}^3$

式中：V——换填工程量；

1000——需要换填基础的底面积；

(1.5−0.2)——换填土方的高度。

(2) $M=1300\times480=624\ 000.00$ 元

即 A 公司能向建设单位索赔 624 000.00 元。

5. 电算工程量

换填垫层电算工程量示意图如图 3-4 所示。

构件工程量　做法工程量

◉ 清单工程量 ○ 定额工程量 ☑ 显示房间、组合构件量 ☑ 只显示标准层单层量

	分类条件		工程量名称				
	楼层	名称	土方体积(m3)	素土回填体积(m3)	冻土体积(m3)	大开挖土方侧面面积(m2)	大开挖土方底面面积(m2)
1	首层	DKW-1	1300	1300	0	182	1000
2		小计	1300	1300	0	182	1000
3	总计		1300	1300	0	182	1000

图 3-4　换填垫层电算工程量示意图

6. 技巧分享

(1) 清单记取规则取的是工程的实体工程量，不包括施工单位因技术措施增加的工程量(例如放坡等)。

(2) 基础不包括垫层，所以基础下换填的时候应该扣除垫层工程量。

3.1.2 给松散的地基“拉拉皮”

项目编码：010201007　　　　项目名称：砂石桩

【例 3-2】某施工单位 A 与建设单位 B 签订了一份关于地基的施工合同，合同要求施工单位 A 在 100m^2 的施工场地内采用振动沉管灌注桩复打法的施工工艺施工。桩中心间距为 8m，桩深为 8m，问施工合同中的桩工程量是多少？

解：

1. 桩位现场布置图

桩位现场布置图如图 3-5 所示。

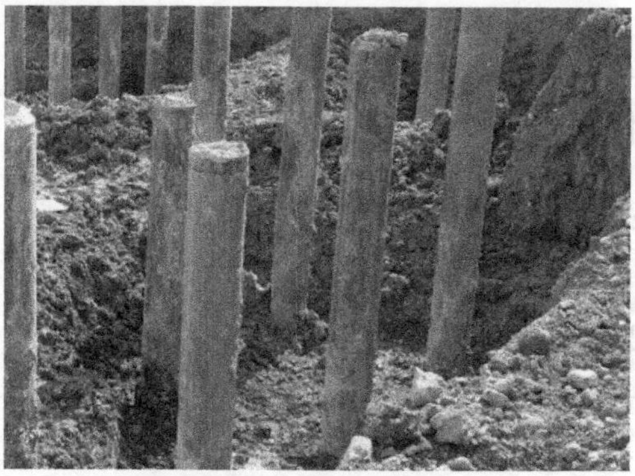

图 3-5　桩位现场布置图

2. 桩位三维立体效果图

桩位三维立体效果图如图 3-6 所示。

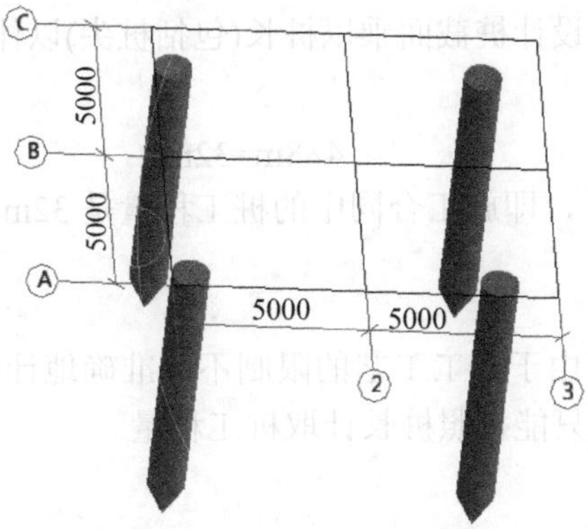

图 3-6　桩位三维立体效果图

3. 桩位平面布置图

桩位平面布置图如图 3-7 所示。

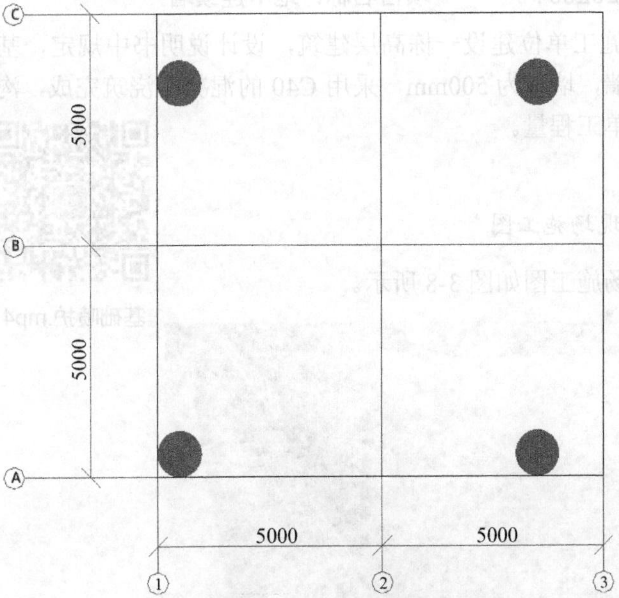

图 3-7　桩位平面布置图

4. 手工清单算量

1)　工程量计算规则

(1)　以米计量，按设计图示尺寸以桩长(包括桩尖)计算。

(2) 以立方米计量，按设计桩截面乘以桩长(包括桩尖)以体积计算。

2) 工程量计算

$$4\times8\text{m}=32\text{m}$$

4 为桩个数，8m 为桩长，即施工合同中的桩工程量是 32m。

5. 技巧分享

振动沉管灌注桩复打法由于施工工艺的限制不能准确地计量桩体积，这里桩的体积采用的是清单计量规则，所以只能按照桩长计取桩工程量。

3.2 学习基坑和边坡支护

3.2.1 墙倒过来在地下

项目编码：010202001　　项目名称：地下连续墙

【例 3-3】 某施工单位建设一栋高层建筑，设计说明书中规定，基础施工前要在四周浇筑一道地下连续墙，墙宽为 500mm，采用 C40 的混凝土浇筑完成，沟槽开挖深度为 8m，求地下连续墙的清单工程量。

解：

1. 地下连续墙现场施工图

地下连续墙现场施工图如图 3-8 所示。

图 3-8 地下连续墙现场施工图

2. 地下连续墙三维立面效果图

地下连续墙三维立面效果图如图 3-9 所示。

基础喷护.mp4

边坡支护.mp3

地基处理.mp3

支护结构施工流程.mp4

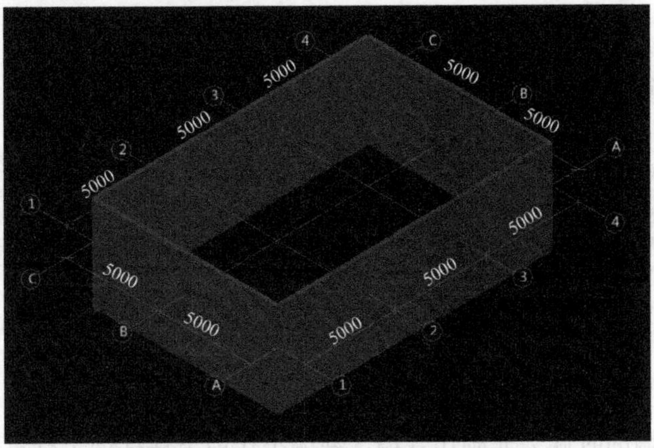

图 3-9 地下连续墙三维立面效果图

3. 地下连续墙平面图

地下连续墙平面图如图 3-10 所示。

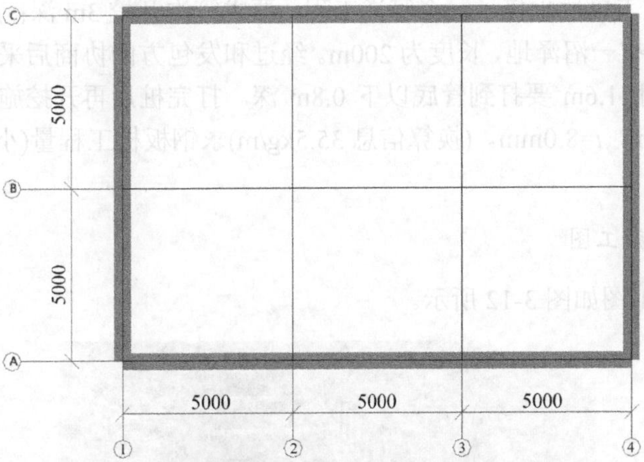

图 3-10 地下连续墙平面图

4. 手工清单算量

1) 工程量计算规则

按设计图示，墙中心线长度乘墙厚及沟槽开挖深度，以体积计算。

2) 工程量计算

$$[(5\times2+5\times3)\times2\times0.5\times8]m^3=200m^3$$

即施工合同中的地下连续墙工程量是 200m³。

5. 电算工程量

地下连续墙电算工程量示意图如图 3-11 所示。

构件工程量　做法工程量

清单工程量　定额工程量　☑ 显示房间、组合构件量　过滤构件类型：墙　☑ 只显示标准层单层量

	分类条件		工程量名称						
	楼层	名称	长度(m)	墙高(m)	墙厚(m)	体积(m3)	模板面积(m2)	外墙外侧钢丝网片总长度(m)	外墙内侧钢丝网片总长度(m)
1	首层	Q-1[外墙]	50	32	2	200	800	0	0
2		小计	50	32	2	200	800	0	0
3	总计		50	32	2	200	800	0	0

图 3-11　地下连续墙电算工程量示意图

6. 技巧分享

浇筑地下连续墙的时候会先制作导墙，导墙不在地下连续墙工程量计取范围之内。

3.2.2 桩也是有“钢骨”的

项目编码：010202006　　　项目名称：钢板桩

【例 3-4】某施工单位承接了一个管道工程，要求管沟开挖 3m 深；底宽为 0.8m，管道线路 A 桩到 B 桩中有一沼泽地，长度为 200m。经过和发包方的协商后采用人工配合挖机打钢板桩，钢板桩间距 1.6m 要打到管底以下 0.8m 深。打完桩后再开挖施工，钢板桩规格：W=400mm，h=85mm，t=8.0mm。(换算信息 35.5kg/m)求钢板桩工程量(小数点后保留两位)。

解：

1. 钢板桩现场施工图

钢板桩现场施工图如图 3-12 所示。

图 3-12　钢板桩现场施工图

2. 手工清单算量

1)　工程量计算规则

(1)　以吨计量，按设计图示尺寸以质量计算。

(2)　以平方米计量，按设计图示墙中心线长乘以桩长以面积计算。

2)　工程量计算

钢板桩个数：[200÷(1.6+0.4)+1]×2=202(个)

一个钢板桩工程量：3.8×35.5kg=134.9kg

总工程量：202×134.9kg=27249.8kg=27.25t

即钢板桩工程量为27.25t。

3. 技巧分享

在算钢板桩的工程量时，是根据钢板桩型号确定换算形式及单位，再进行换算工程量。

第3章　地基处理与边坡支

第4章 桩基要做的是啥？

4.1 泄愤之打桩

4.1.1 “挨打后”加上钢筋的桩

项目编码：010301001　　　项目名称：预制钢筋混凝土方桩

【例 4-1】已知某施工单位把桩基工程分包给有资质的 A 公司，合同签订后 A 公司进场施工，施工过程中发现原设计说明对地质的描述不正确，需要打桩处理地基的地方增加了 $80m^2$。新增桩的规格按照原设计执行，原设计桩长 7m 不含桩尖，桩间距是 2m×2m，采用预制钢筋混凝土方桩(桩底宽 600mm×桩底长 600mm，桩尖长 600mm)，求新增桩工程量是多少立方米。

打桩.mp4　　桩基工程.mp4

解：

1. 桩位现场示意图

桩位现场示意图如图 4-1 所示。

图 4-1　桩位现场示意图

2. 桩位三维立体效果图

桩位三维立体效果图如图 4-2 所示。

桩基工程.mp3

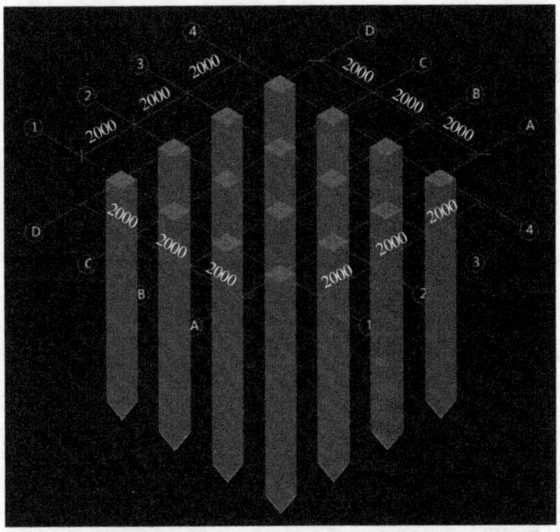

图 4-2 桩位三维立体效果图

3. 桩位平面布置图

桩位平面布置图如图 4-3 所示。

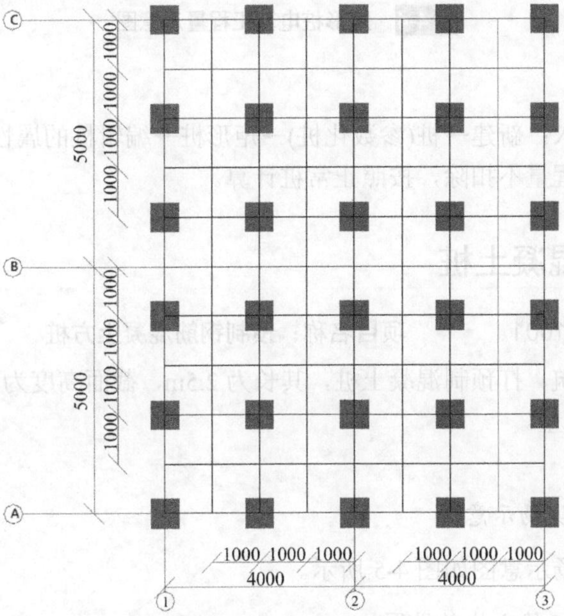

图 4-3 桩位平面布置图

4. 手工清单算量

1)　工程量计算规则

(1)　以米计量，按设计图示尺寸以桩长(包括桩尖)计算。

(2)　以立方米计量，按设计桩截面乘以桩长(包括桩尖)以体积计算。

(3)　以根计量，按设计图示数量计算。

2)　工程量计算

根数 $N=5\times6=30$(根)

工程量 $V=30\times0.6\times0.6\times7.6\text{m}^3=82.08\text{m}^3$

5. 电算工程量

矩形桩电算工程量示意图如图 4-4 所示。

	分类条件	工程量名称					
	名称	数量(个)	体积(m3)	长度(m)	截面面积(m2)	土方体积(m3)	护壁体积(m3)
1	ZJ-2	30	82.2	228	10.8	82.2	0
2	总计	30	82.2	228	10.8	82.2	0

图 4-4　矩形桩电算工程量示意图

6. 技巧分享

(1)　建模命令输入：新建→桩(参数化桩)→矩形桩→编辑桩的属性→绘图。

(2)　桩尖头的工程量不扣除，按照正常桩计算。

4.1.2　打预制混凝土桩

项目名称：010301001　　　项目名称：预制钢筋混凝土方桩

【例 4-2】 某建筑，打预制混凝土桩，其长为 2.5m，截面高度为 800mm，截面宽度为 1500mm，试求其工程量。

解：

1. 预制混凝土桩现场示意图

预制混凝土桩现场示意图如图 4-5 所示。

2. 预制混凝土桩三维立体效果图

预制混凝土桩三维立体效果图如图 4-6 所示。

图 4-5 预制混凝土桩现场示意图

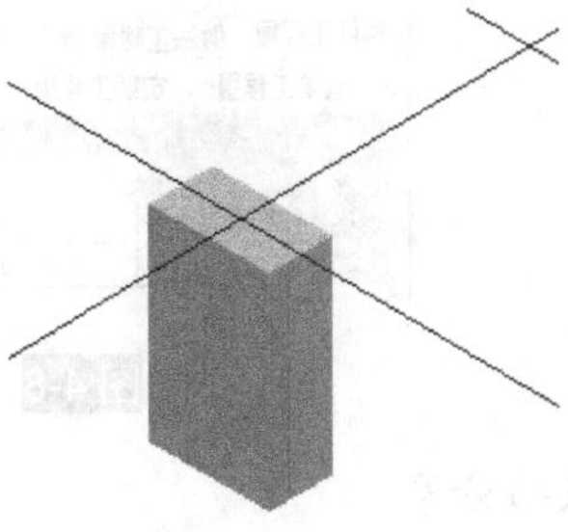

图 4-6 预制混凝土桩三维立体效果图

3. 预制混凝土桩平面图

预制混凝土桩平面图如图 4-7 所示。

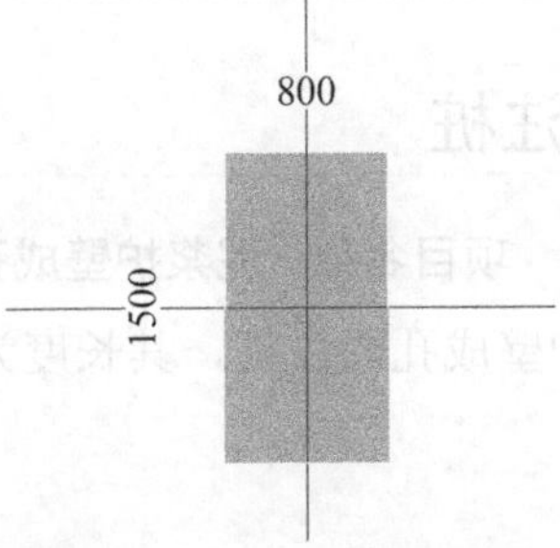

图 4-7 预制混凝土桩平面图

4. 手工清单算量

1) 工程量计算规则

(1) 以米计量，按设计图示尺寸以桩长(包括桩尖)计算。

(2) 以立方米计量，按设计图示截面积乘以桩长(包括桩尖)以实际体积计算。

(3) 以根计量，按设计图示数量计算。

2) 工程量计算

预制混凝土桩工程量=按设计图示尺寸以体积计算。

预制混凝土桩工程量=$0.8×1.5×2.5m^3$ =$3m^3$

5. 电算工程量

预制混凝土桩电算工程量示意图如图 4-8 所示。

构件工程量　做法工程量

清单工程量　定额工程量　显示房间、组合构件量　只显示标准层单层量

	分类条件	工程量名称					
	名称	桩数量(个)	桩体积(m3)	桩长度(m)	桩截面面积(m2)	桩土方体积(m3)	桩护壁体积(m3)
1	预制混凝土桩	1	3	2.5	1.2	3	0
2	总计	1	3	2.5	1.2	3	0

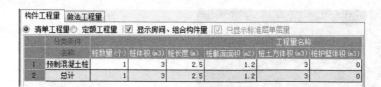

图 4-8　预制混凝土桩电算工程量示意图

6. 技巧分享

(1) 预制混凝土桩在软件中的绘制步骤：在构件列表中单击“新建”→新建桩→在属性编辑器中修改桩的属性→在构件列表中桩上右击复制相同的桩→单击绘图按钮绘入桩构件。

(2) 计算桩工程量的时候首先要考虑尺寸，同时结合工程量计算规则进行算量。

4.2　又一品种的桩

4.2.1　泥浆护壁成孔灌注桩

项目编码：010302001　　　项目名称：泥浆护壁成孔灌注桩

【例 4-3】某建筑，打泥浆护壁成孔灌注桩，其长度为 3m，截面高度为 500mm，截面宽度为 1200mm，试求其工程量。

解：

1. 泥浆护壁成孔灌注桩现场示意图

泥浆护壁成孔灌注桩现场示意图如图 4-9 所示。

桩基工程.mp4

图 4-9　泥浆护壁成孔灌注桩现场示意图

2. 泥浆护壁成孔灌注桩三维立体效果图

泥浆护壁成孔灌注桩三维立体效果图如图 4-10 所示。

3. 泥浆护壁成孔灌注桩平面图

泥浆护壁成孔灌注桩平面图如图 4-11 所示。

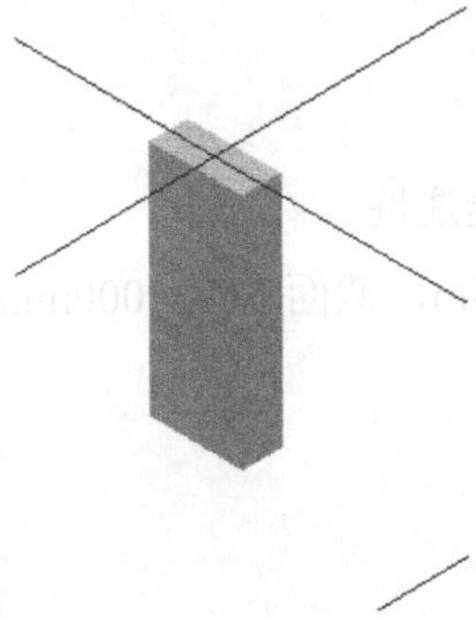

图 4-10 泥浆护壁成孔灌注桩三维立体效果图

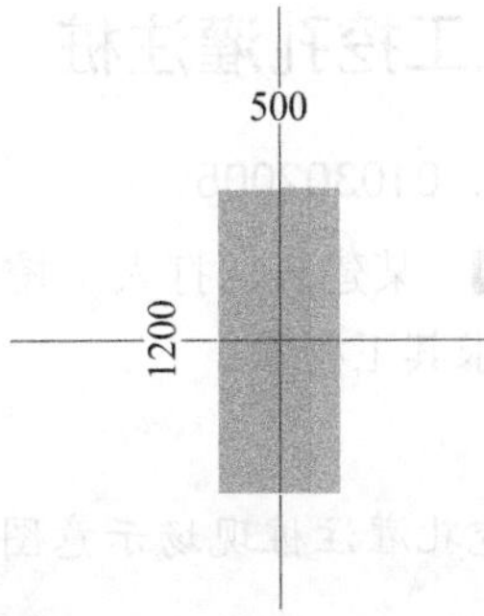

图 4-11 泥浆护壁成孔灌注桩平面图

4. 手工清单算量

1) 工程量计算规则

(1) 以米计量，按设计图示尺寸以桩长(包括桩尖)计算。

(2) 以立方米计量，按不同截面在桩上范围内以体积计算。

(3) 以根计量，按设计图示数量计算。

2) 工程量计算

泥浆护壁成孔灌注桩工程量=按不同截面在桩上范围内以体积计算

泥浆护壁成孔灌注桩工程量=$(0.5\times1.2\times3)\text{m}^3=1.8\text{m}^3$

5. 电算工程量

泥浆护壁成孔灌注桩电算工程量示意图如图 4-12 所示。

构件工程量 做法工程量

◉ 清单工程量 ○ 定额工程量 ☑ 显示房间、组合构件量 ☑ 只显示标准层单层量

	分类条件	工程量名称					
	名称	桩数量(个)	桩体积(m3)	桩长度(m)	桩截面面积(m2)	桩土方体积(m3)	桩护壁体积(m3)
1	泥浆护壁成孔灌注桩	1	1.8	3	0.6	1.8	0
2	总计	1	1.8	3	0.6	1.8	0

图 4-12 泥浆护壁成孔灌注桩电算工程量示意图

6. 技巧分享

(1) 泥浆护壁成孔灌注桩在软件中的绘制步骤：在绘图输入界面中找到并单击柱→在构件列表中单击“新建”→新建桩→在属性编辑器中修改桩的属性→在构件列表中桩上右击复制相同的桩→单击绘图按钮绘入桩构件。

(2) 桩工程量计算的时候首先要考虑尺寸，同时结合工程量计算规则进行算量。

4.2.2 人工挖孔灌注桩

项目编码：010302005　　　　项目名称：人工挖孔灌注桩

【例 4-4】 某建筑，打人工挖孔灌注桩，其长为 3.5m，截面高度 1000mm，截面宽度 1500mm，试求其工程量。

解：

1. 人工挖孔灌注桩现场示意图

人工挖孔灌注桩现场示意图如图 4-13 所示。

2. 人工挖孔灌注桩三维立体效果图

人工挖孔灌注桩三维立体效果图如图 4-14 所示。

图 4-13　人工挖孔灌注桩现场示意图

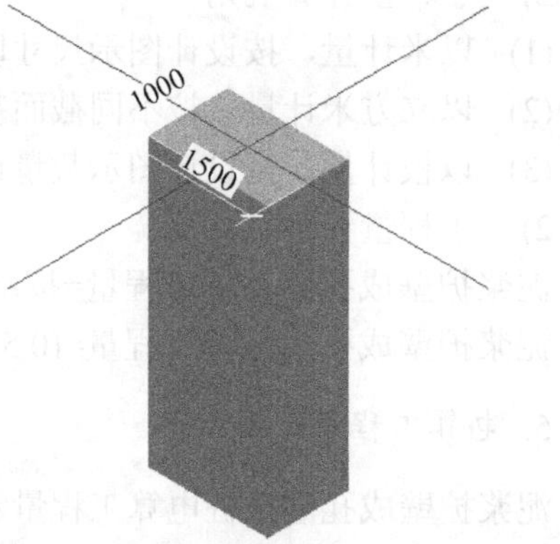

图 4-14　人工挖孔灌注桩三维立体效果图

3. 人工挖孔灌注桩平面图

人工挖孔灌注桩平面图如图 4-15 所示。

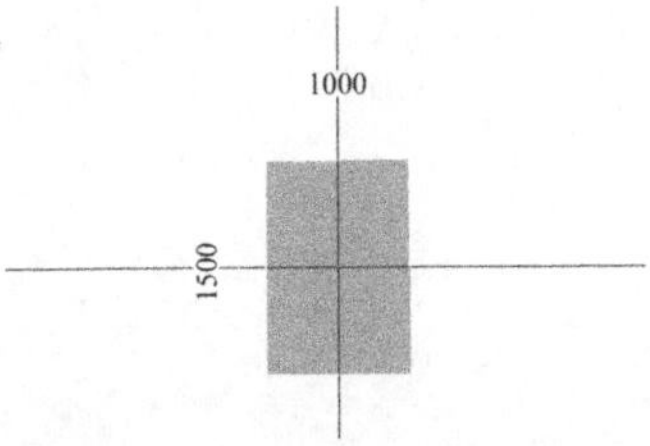

图 4-15 人工挖孔灌注桩平面图

4. 手工清单算量

1) 工程量计算规则

(1) 以立方米计量，按桩芯混凝土体积计算。

(2) 以根计量，按设计图示数量计算。

2) 工程量计算

人工挖孔灌注桩工程量=按设计图示尺寸以体积计算

人工挖孔灌注桩工程量=$(3.5\times1\times1.5)m^3=5.25m^3$

5. 电算工程量

人工挖孔灌注桩电算工程量示意图如图 4-16 所示。

构件工程量 做法工程量

清单工程量 定额工程量 显示房间、组合构件量 只显示标准层单层量

	分类条件	工程量名称					
	名称	桩数量(个)	桩体积(m3)	桩长度(m)	桩截面面积(m2)	桩土方体积(m3)	桩护壁体积(m3)
1	人工挖孔灌注桩	1	5.25	3.5	1.5	5.25	0
2	总计	1	5.25	3.5	1.5	5.25	0

图 4-16 人工挖孔灌注桩电算工程量示意图

6. 技巧分享

(1) 人工挖孔灌注桩在软件中的绘制步骤：构件列表中单击“新建”→新建桩→在属性编辑器中修改桩的属性→在构件列表中桩上右击复制相同的桩→单击绘图按钮绘入桩构件。

(2) 人工挖孔灌注桩计算桩工程量的时候首先要考虑尺寸，同时结合工程量计算规则进行算量。

第 4 章 桩基工程.pptx

第5章 了解砌筑工程

5.1　砖砌体种类多

砖砌体的定义.mp3

5.1.1 基础可以用砖做

项目编码：0103010001　　项目名称　砖基础

【例 5-1】 某地区一砌体房屋外墙基础，带型基础长为 120m，墙厚为 1.5 砖。高度为 1.0m，为三层等高大放脚。试计算砖基础工程量。

解：

砖基础定义及计算规则.mp3

1. 砖基础现场实物图

砖基础现场实物图如图 5-1 所示。

2. 砖基础三维立体效果图

砖基础三维立体效果图如图 5-2 所示。

图 5-1　砖基础现场实物图

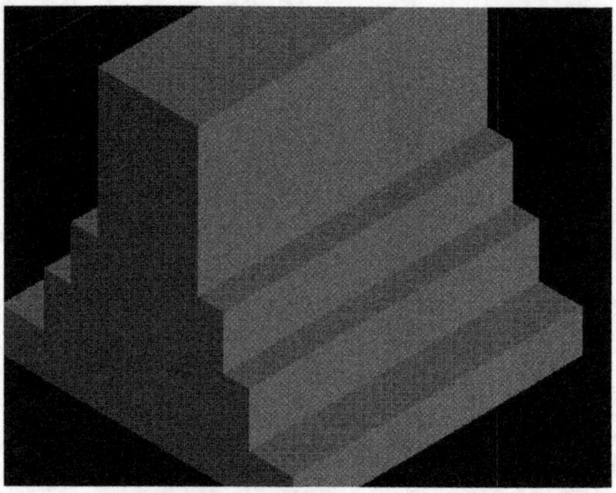

图 5-2　砖基础三维立体效果图

3. 砖基础断面图

砖基础断面图如图 5-3 所示。

4. 手工清单算量

1)　工程量计算规则

砖基础工程量=砖基础长度×砖基础断面面积=砖基础长度×(砖基础墙厚度×砖基础高度+

大放脚折算断面面积)。

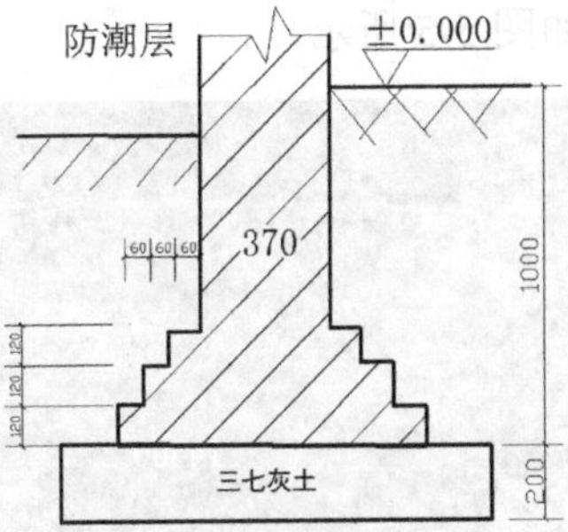

图 5-3　砖基础断面图

2)　工程量计算

V=120×(0.365×1.00+0.0945)m³ =55.14m³

5.1.2 密不透风的墙

项目编码：010401003　　　　项目名称：实心砖墙

【例 5-2】 某建筑，墙高为 3m，墙厚为 200mm，墙长为 9m，墙宽为 14.4m，M-1 的规格为 1200mm×2100mm，C-1 的规格为 1500mm×1800mm，求实心砖墙的工程量。

解：

1. 实心砖墙实物图

实心砖墙实物图如图 5-4 所示。

砖墙三顺一丁砌法.mp4

图 5-4　实心砖墙实物图

2. 实心砖墙三维立体效果图

实心砖墙三维立体效果图如图 5-5 所示。

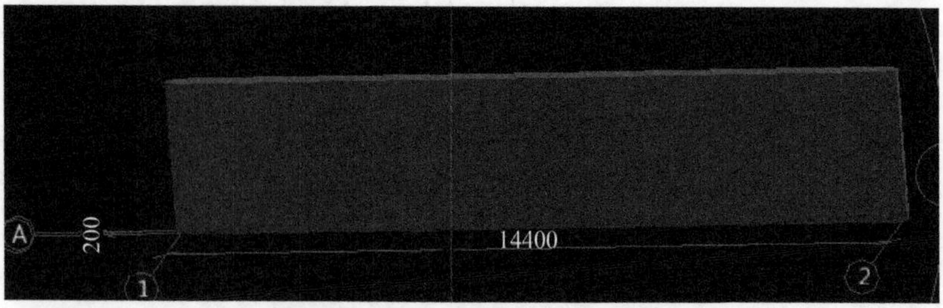

图 5-5　实心砖墙三维立体效果图

3. 实心砖墙平面图

实心砖墙平面图如图 5-6 所示。

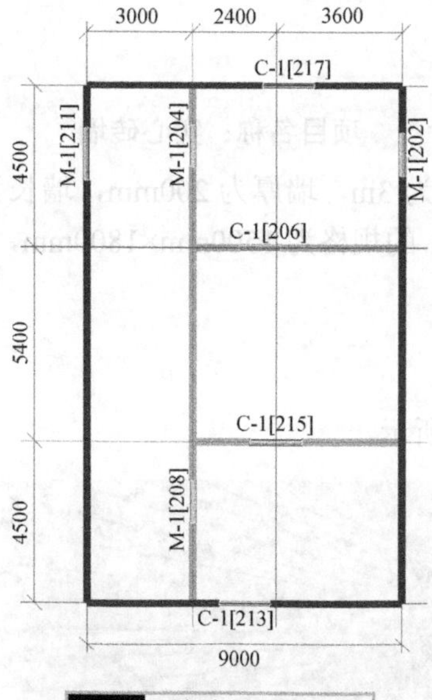

图 5-6　实心砖墙平面图

4. 手工清单算量

1)　工程量计算规则

(1)　按设计图示尺寸以体积计算，扣除门窗、洞口、嵌入墙内的钢筋混凝土柱、梁、圈梁、挑梁、过梁及凹进墙内的壁龛、管槽、暖气槽、消火栓箱所占体积，不扣除梁头、板头、檩头、垫木、木楞头、沿缘木、木砖、门窗走头、砖墙内加固钢筋、木筋、铁件、钢管及单个面积≤$0.3m^2$的孔洞所占的体积。凸出墙面的腰线、挑檐、压顶、窗台线、虎头砖、门窗套的体积亦不增加。凸出墙面的砖垛并入墙体体积内计算。

(2) 墙长度：外墙按中心线、内墙按净长计算。

(3) 墙高度如下。

外墙：斜(坡)屋面无檐口天棚者算至屋面板底；有屋架且室内外均有天棚者算至屋架下弦底另加200mm；无天棚者算至屋架下弦底另加300mm，出檐宽度超过600mm时按实砌高度计算，与钢筋混凝土楼板隔层者算至板顶。平屋顶算至钢筋混凝土板底。

内墙：位于屋架下弦者，算至屋架下弦底；无屋架者算至天棚底另加100mm；有钢筋混凝土楼板隔层者算至楼板顶；有框架梁时算至梁底。

(4) 女儿墙：从屋面板上表面算至女儿墙顶面(如有混凝土压顶时算至压顶下表面)。

(5) 内、外山墙：按其平均高度计算。

(6) 框架间墙：不分内外墙按墙体净尺寸以体积计算。

(7) 围墙：高度算至压顶上表面(如有混凝土压顶时算至压顶下表面)，围墙柱并入围墙体积内。

2) 工程量计算

实心砖墙工程量=(外墙中心线长度+内墙净长度)×墙厚×墙高−门窗洞口所占体积

实心砖墙工程量={[(14.4+9)×2+(6−0.2+6−0.2+14.4−0.2)]×0.2×3−1.2×2.1×0.2×4−1.5×1.8×0.2×4}m^3=39.384m^3

5. 电算工程量

实心砖墙电算工程量示意图如图5-7所示。

构件工程量 | 做法工程量

◉ 清单工程量 ○ 定额工程量 ☑ 显示房间、组合构件量 过滤构件类型：墙 ☑ 只显示标准层单层量

	分层条件								
	楼层	名称	长度(m)	墙高(m)	墙厚(m)	体积(m3)	模板面积(m2)	超高模板面积(m2)	外墙外脚手架面积(m2)
1	首层	Q-1[内墙]	25.8	9	0.6	13.428	0	0	0
2		Q-2[外墙]	46.8	12	0.8	25.956	0	0	157.08
3		小计	72.6	21	1.4	39.384	0	0	157.08
4	总计		72.6	21	1.4	39.384	0	0	157.08

图5-7 实心砖墙电算工程量示意图

6. 技巧分享

(1) 实心砖墙在软件中的绘制步骤：在绘图输入界面中单击“墙”→在构件列表中单击“新建”→新建内墙外墙→在属性编辑器中修改墙的属性→在构件列表中Q-1上右击复制相同的墙→单击绘图按钮绘入墙构件。

(2) 计算墙工程量的时候首先要考虑尺寸，同时结合工程量计算规则进行算量。

5.1.3 哪有不透风的墙

项目编码：010401007　　　　项目名称：空花墙

【例 5-3】 某建筑，外墙设为空花墙，墙高为 3m，墙厚为 200mm，墙长为 9m，墙宽为 14.4m，试求其空花墙工程量。

空花墙定义
计算规则.mp3

解：

1. 空花墙现场示意图

空花墙现场示意图如图 5-8 所示。

图 5-8　空花墙现场示意图

2. 空花墙三维立体效果图

空花墙三维立体效果图如图 5-9 所示。

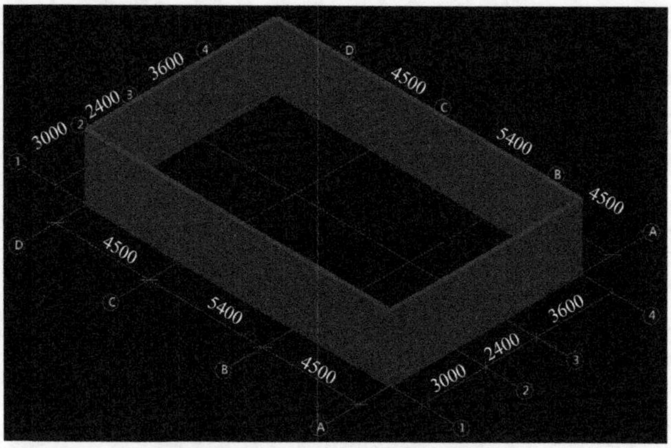

图 5-9　空花墙三维立体效果图

3. 空花墙平面图

空花墙平面图如图 5-10 所示。

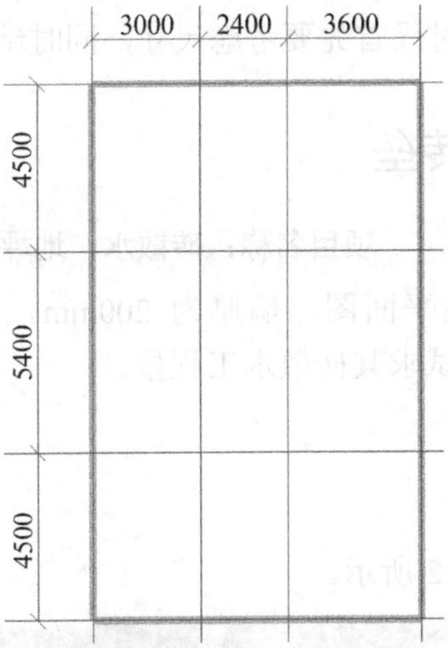

图 5-10　空花墙平面图

4. 手工清单算量

1)　工程量计算规则

按设计图示尺寸以空花墙部分外形体积计算，不扣除空洞部分体积。

2)　工程量计算

空花墙工程量=空花墙部分外形体积计算

空花墙工程量=$(0.2\times14.4\times3\times2+0.2\times9\times3\times2)m^3=28.08m^3$

5. 电算工程量

空花墙电算工程量示意图如图 5-11 所示。

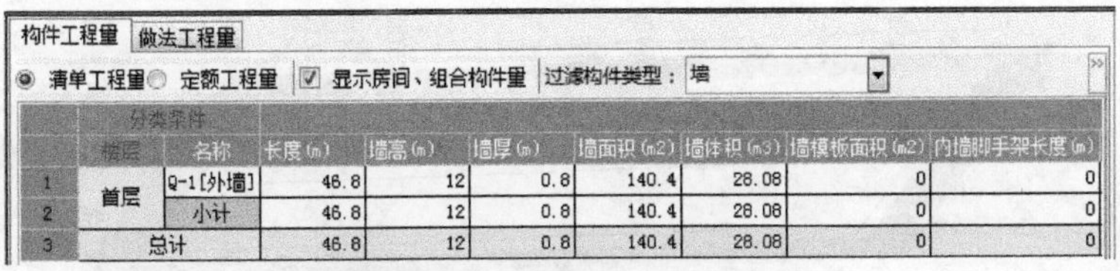

	分类条件		长度(m)	墙高(m)	墙厚(m)	墙面积(m2)	墙体积(m3)	墙模板面积(m2)	内墙脚手架长度(m)
	楼层	名称							
1	首层	Q-1[外墙]	46.8	12	0.8	140.4	28.08	0	0
2		小计	46.8	12	0.8	140.4	28.08	0	0
3	总计		46.8	12	0.8	140.4	28.08	0	0

图 5-11　空花墙电算工程量示意图

6. 技巧分享

(1) 空花墙在软件中的绘制步骤：在绘图输入界面中单击“墙”→在构件列表中单击“新建”→新建外墙内墙→在属性编辑器中修改外墙的属性→在构件列表中 Q-1 上右击复制相同的墙→单击绘图按钮绘入墙构件。

(2) 计算空花墙工程量的时候首先要考虑尺寸，同时结合工程量计算规则进行算量。

5.1.4 边边角角也有砖垒

项目编码：010401013　　　　项目名称：砖散水、地坪

【例 5-4】 某建筑尺寸见平面图，墙厚为 200mm，散水设置为砖散水，散水宽度为 1000mm，厚度为 100mm，试求其砖散水工程量。

散水定义及计算规则.mp3

解：

1. 砖散水现场示意图

砖散水现场示意图如图 5-12 所示。

图 5-12 砖散水现场示意图

2. 砖散水三维立体效果图

砖散水三维立体效果图如图 5-13 所示。

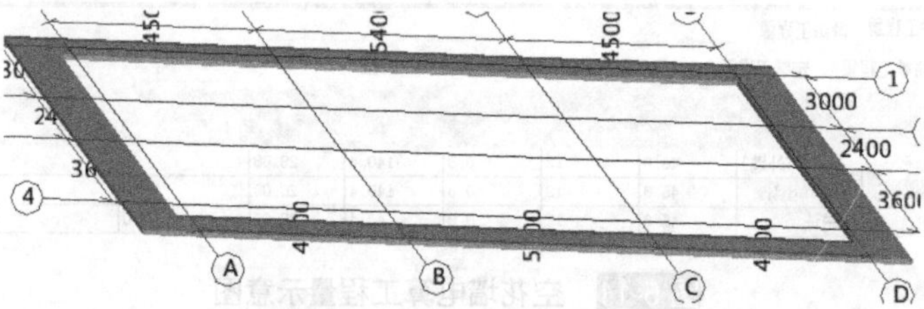

图 5-13 砖散水三维立体效果图

3. 砖散水平面图

砖散水平面图如图 5-14 所示。

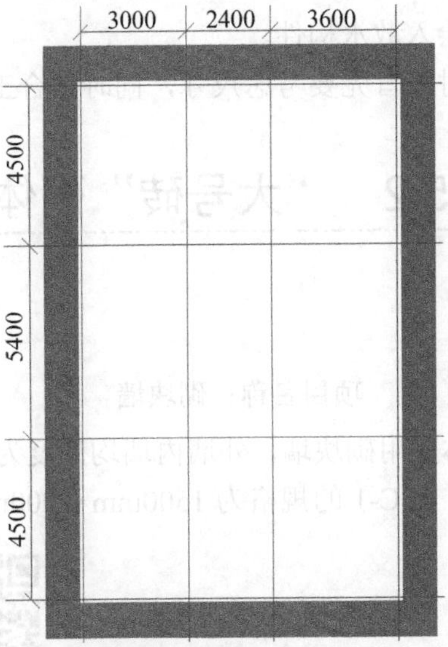

图 5-14 砖散水平面图

4. 手工清单算量

1) 工程量计算规则

按设计图示尺寸以面积计算。

2) 工程量计算

砖散水工程量=按设计图示尺寸以面积计算

砖散水工程量={[(9+0.2+1)×2+(14.4+0.2+1)×2]×1}m^2=51.6m^2

5. 电算工程量

砖散水电算工程量示意图如图 5-15 所示。

◉ 清单工程量 ○ 定额工程量 ☑ 显示房间、组合构件量 ☑ 只显示标准层单层量

	分类条件		工程量名称			
	楼层	名称	面积(m2)	贴墙长度(m)	外围长度(m)	模板面积(m2)
1	首层	SS-1	51.6	47.6	55.6	5.56
2		小计	51.6	47.6	55.6	5.56
3	总计		51.6	47.6	55.6	5.56

图 5-15 砖散水电算工程量示意图

6. 技巧分享

(1) 砖散水在软件中的绘制步骤：在绘图输入界面中单击“散水”→在构件列表中单击“新建”→新建散水→在属性编辑器中修改散水的属性→在构件列表中 SS-1 上右击复制

相同的散水→单击绘图按钮绘入散水构件。

(2) 计算散水工程量的时候首先要考虑尺寸，同时结合工程量计算规则进行算量。

5.2 “大号砖”砌体

5.2.1 省时做墙

项目编码：010402001　　　　项目名称：砌块墙

【例 5-5】 某建筑，墙体采用砌块墙，外墙内墙均厚度为 200mm，墙高为 3m，门 M-1 的规格为 1500mm×2100mm，窗 C-1 的规格为 1500mm×2000mm，试求其砌块墙工程量。

解：

砌块墙定义及计算规则.mp3　　砌块墙.mp4

1. *砌块墙现场示意图*

砌块墙现场示意图如图 5-16 所示。

2. *砌块墙三维立体效果图*

砌块墙三维立体效果图如图 5-17 所示。

3. *砌块墙平面图*

砌块墙平面图如图 5-18 所示。

图 5-16 砌块墙现场示意图

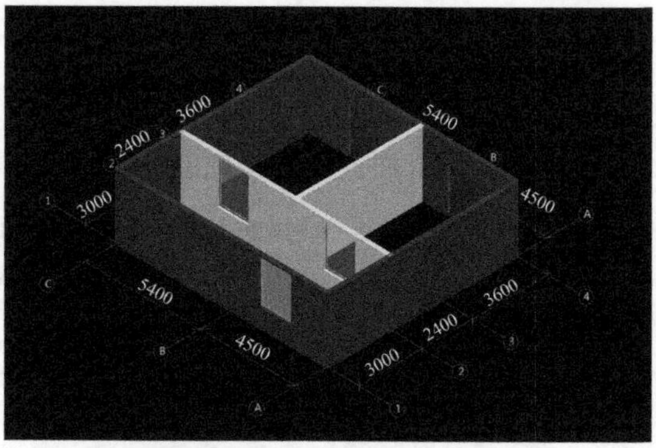

图 5-17 砌块墙三维立体效果图

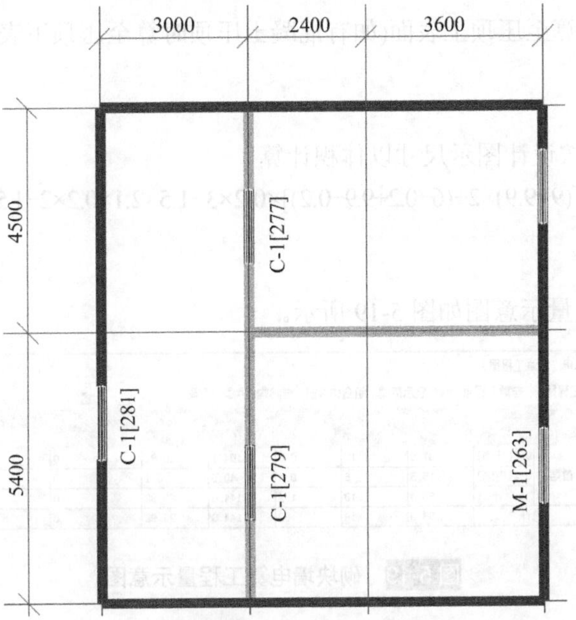

图 5-18 砌块墙平面图

4. 手工清单算量

1) 工程量计算规则

(1) 砌块墙：按设计图示尺寸以体积计算，扣除门窗、洞口、嵌入墙内的钢筋混凝土柱、梁、圈梁、挑梁、过梁及凹进墙内的壁龛、管槽、暖气槽、消火栓箱所占体积，不扣除梁头、板头、檩头、垫木、木楞头、沿缘木、木砖、门窗走头、砌块墙内加固钢筋、木筋、铁件、钢管及单个面积≤0.3m^{2}的孔洞所占的体积。凸出墙面的腰线、挑檐、压顶、窗台线、虎头砖、门窗套的体积也不增加。凸出墙面的砖垛并入墙体体积内计算。

(2) 墙长度：外墙按中心线、内墙按净长计算。

(3) 墙高度：

① 外墙：斜(坡)屋面无檐口天棚者算至屋面板底；有屋架且室内外均有天棚者算至屋架下弦底另加200mm;无天棚者算至屋架下弦底另加300mm，出檐宽度超过600mm时按实砌高度计算；与钢筋混凝土楼板隔层者算至板顶；平屋面算至钢筋混凝土板底。

② 内墙：位于屋架下弦者，算至屋架下弦底；无屋架者算至天棚底另加100mm；有钢筋混凝土楼板隔层者算至楼板顶；有框架梁时算至梁底。

③ 女儿墙：从屋面板上表面算至女儿墙顶面，如有混凝土压顶时算至压顶下表面。

④ 内、外山墙：按其平均高度计算。

(4) 框架间墙：不分内外墙按墙体净尺寸以体积计算。

(5) 围墙：高度算至压顶上表面(如有混凝土压顶时算至压顶下表面)，围墙柱并入围墙体积内。

2) 工程量计算

砌块墙工程量=按设计图示尺寸以体积计算

砌块墙工程量={[(9+9.9)×2+(6−0.2+9.9−0.2)]×0.2×3−1.5×2.1×0.2×2−1.5×2×0.2×3}m³ =28.92m³

5. 电算工程量

砌块墙电算工程量示意图如图 5-19 所示。

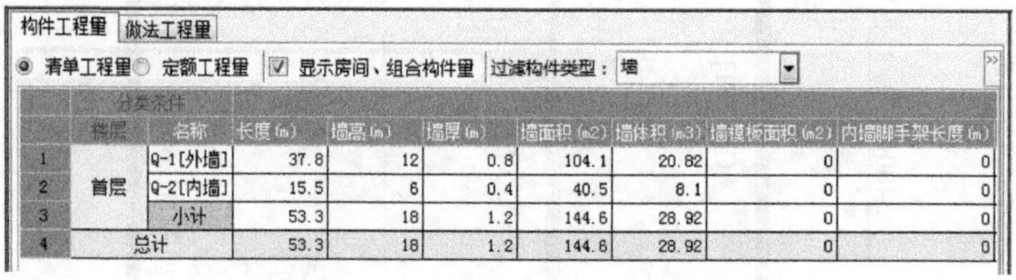

	分类条件								
	楼层	名称	长度(m)	墙高(m)	墙厚(m)	墙面积(m2)	墙体积(m3)	墙模板面积(m2)	内墙脚手架长度(m)
1	首层	Q-1[外墙]	37.8	12	0.8	104.1	20.82	0	0
2		Q-2[内墙]	15.5	6	0.4	40.5	8.1	0	0
3		小计	53.3	18	1.2	144.6	28.92	0	0
4	总计		53.3	18	1.2	144.6	28.92	0	0

图 5-19　砌块墙电算工程量示意图

6. 技巧分享

(1) 砌块墙在软件中的绘制步骤：在绘图输入界面中单击“墙”→在构件列表中单击“新建”→新建内墙外墙→在属性编辑器中修改墙的属性→在构件列表中 Q-1 上右击复制相同的墙→单击绘图按钮绘入墙构件。

(2) 计算砌块墙工程量的时候首先要考虑尺寸，同时结合工程量计算规则进行算量。

5.2.2 柱子也用“大号砖”

项目编码：010402002　　项目名称：砌块柱

【例 5-6】 某建筑大楼，有砌块柱，柱高为 3m，柱宽为 1000mm，柱长为 800mm，试求其砌块柱工程量。

解：

1. 砌块柱现场示意图

砌块柱现场示意图如图 5-20 所示。

2. 砌块柱三维立体效果图

砌块柱三维立体效果图如图 5-21 所示。

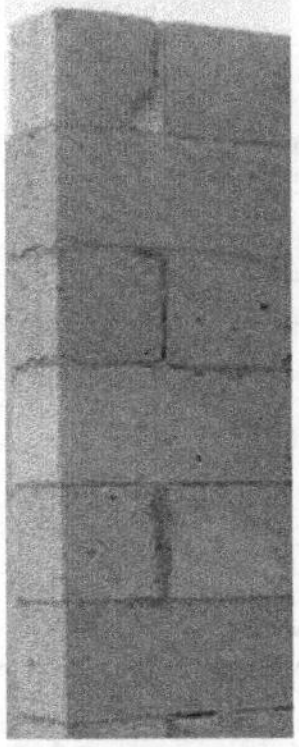

图 5-20　砌块柱现场示意图

图 5-21　砌块柱三维立体效果图

3. 砌块柱平面图

砌块柱平面图如图 5-22 所示。

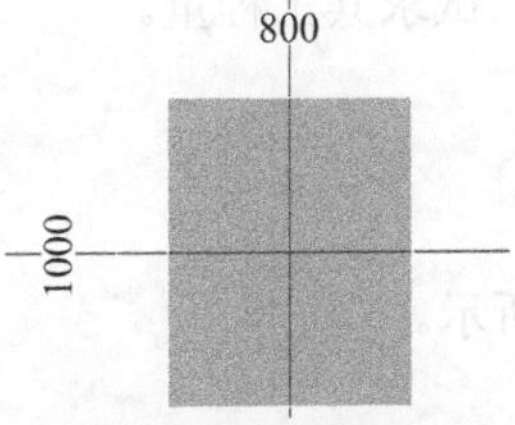

图 5-22　砌块柱平面图

4. 手工清单算量

1)　工程量计算规则

按设计图示尺寸以体积计算。扣除混凝土及钢筋混凝土梁垫、梁头、板头所占体积。

2)　工程量计算

砌块柱工程量=按设计图示尺寸以体积计算

砌块柱工程量=$1\times0.8\times3m^3=2.4m^3$

5. 电算工程量

砌块柱电算工程量示意图如图 5-23 所示。

6. 技巧分享

计算柱的工程量就是计算其体积。

构件工程量　做法工程量

清单工程量　定额工程量　显示房间、组合构件量　过滤构件类型：柱　只显示标准层单层量

	分类条件		工程量名称					
	楼层	名称	高度(m)	截面面积(m2)	柱周长(m)	柱体积(m3)	柱模板面积(m2)	柱数量(根)
1	首层	KZ-1	3	0.8	3.6	2.4	10.8	1
2		小计	3	0.8	3.6	2.4	10.8	1
3	总计		3	0.8	3.6	2.4	10.8	1

图 5-23　砌块柱电算工程量示意图

5.3　石头做材料也可以？

石砌体的定义.mp3

5.3.1　石基础

项目编码：010403001　　　　项目名称：石基础

【例 5-7】 某建筑，工程设计为毛石基础，墙长为 5.4m，墙宽为 14.4m，内墙基础三层宽分别为 450mm、780mm、850mm，高均为 800mm，外墙基础三层宽分别为 550mm、650mm、950mm，高均为 800mm，试求其工程量。

解：

1. *石基础现场示意图*

石基础现场示意图如图 5-24 所示。

石基础的优点及计算规则.mp3

图 5-24　石基础现场示意图

2. 石基础平面图

石基础平面图如图 5-25 所示。

3. 石基础三维立体效果图

石基础三维立体效果图如图 5-26 所示。

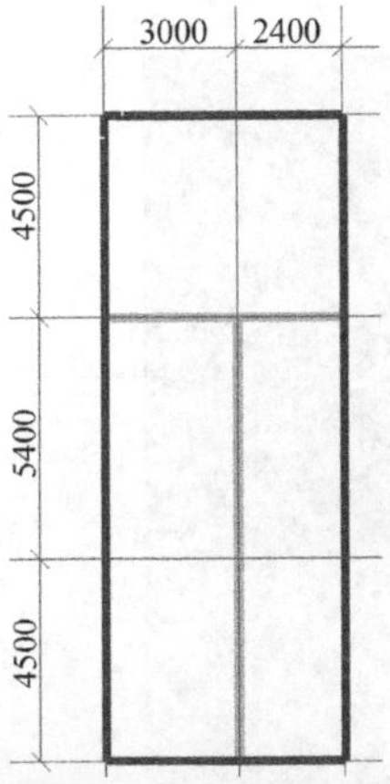

图 5-25 石基础平面图

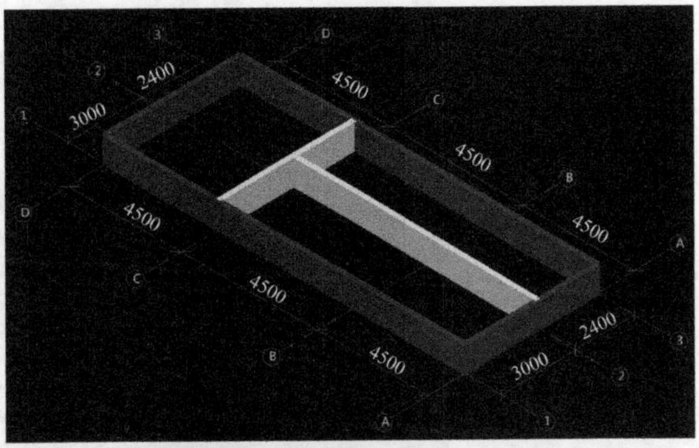

图 5-26 石基础三维立体效果图

4. 手工清单算量

1) 工程量计算规则

按设计图示尺寸以体积计算，包括附墙垛基础宽出部分体积，不扣除基础砂浆防潮层及单个面积≤$0.3m^2$的孔洞所占体积，靠墙暖气沟的挑檐不增加体积。基础长度：外墙按中心线，内墙按净长计算。

2) 工程量计算

石基础工程量=按设计图示尺寸以体积计算。

石基础外墙=$(5.4+14.4)\times2=39.6m$

石基础内墙=$(5.4-0.2+9.9-0.2)m=14.9m$

石基础工程量=$[39.6\times0.8\times(0.55+0.65+0.95)+14.9\times0.8\times(0.45+0.78+0.85)]m^3=92.9056m^3$

5.3.2 不怕踢，石头做勒脚

项目编码：010403002　　项目名称：石勒脚

【例 5-8】 某建筑墙厚 200mm，要做石勒脚，石勒脚的厚度为 50mm，

勒脚的定义.mp3

高度为 600mm，门 M-1 尺寸为 1500mm×2100mm，窗尺寸为 1000mm×800mm，离地高度为 900mm。试求其工程量。

解：

1. 石勒脚现场示意图

石勒脚现场示意图如图 5-27 所示。

图 5-27　石勒脚现场示意图

2. 石勒脚三维立体效果图

石勒脚三维立体效果图如图 5-28 所示。

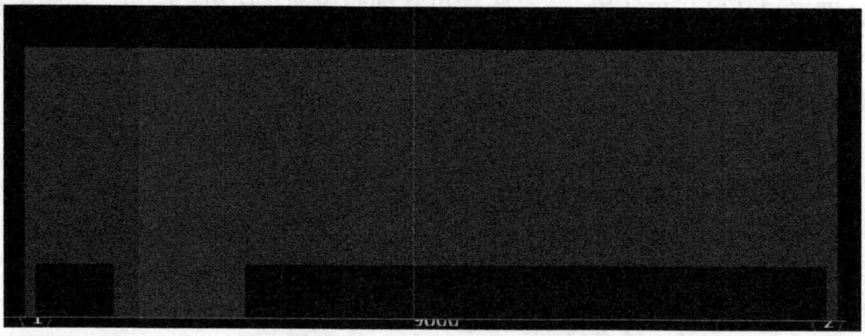

图 5-28　石勒脚三维立体效果图

3. 石勒脚平面图

石勒脚平面图如图 5-29 所示。

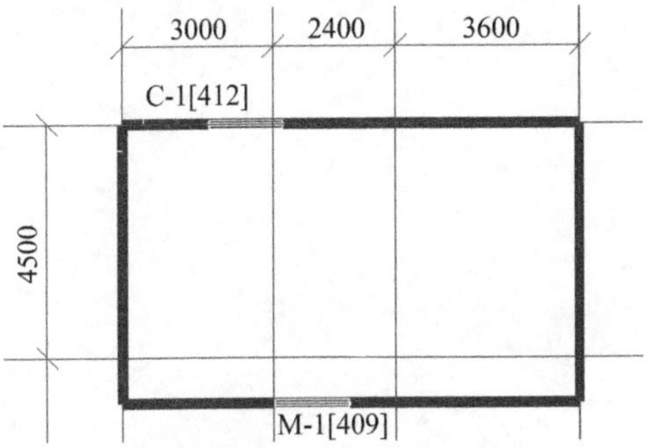

图5-29 石勒脚平面图

4. 手工清单算量

1) 工程量计算规则

按设计图示尺寸以体积计算，扣除单个面积大于 0.3m^2 的孔洞所占的体积。

2) 工程量计算

石勒脚工程量=按设计图示尺寸以体积计算

石勒脚工程量=$[(9+0.2+4.5+0.2)\times2-1.5]\times0.6\times0.05m^3=0.789m^3$

5. 技巧分享

算勒脚工程量等于它的体积，算其工程量时需扣除单个面积大于 0.3m^2 的孔洞所占的体积。

第5章 砌筑工程.pptx

第6章 混凝土和钢筋混凝土两弟兄

6.1　剖析学习现浇混凝土基础

6.1.1　地基的“面膜”

项目编码：010501001　　　　项目名称：垫层

【例 6-1】　已知某多层楼基础垫层为混凝土垫层，垫层尺寸为 9.0m×5.4m，厚度为 100mm，试求该混凝土垫层工程量。

垫层计算规则.mp3

解：

1. 垫层现场示意图

垫层现场示意图如图 6-1 所示。

图 6-1　垫层现场示意图

2. 垫层三维立体效果图

垫层三维立体效果图如图 6-2 所示。

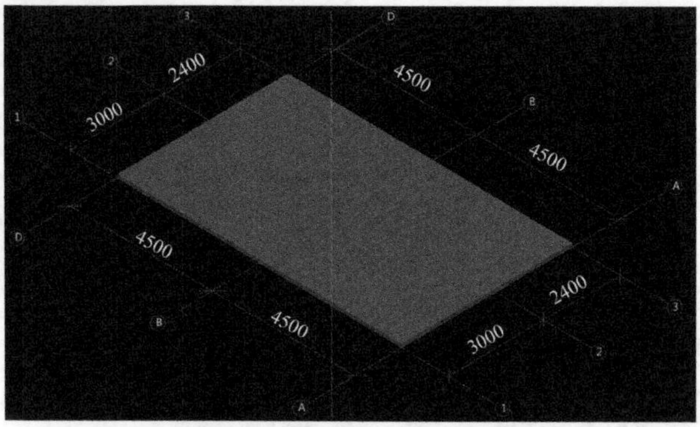

图 6-2　垫层三维立体效果图

3. 垫层平面图

垫层平面图如图 6-3 所示。

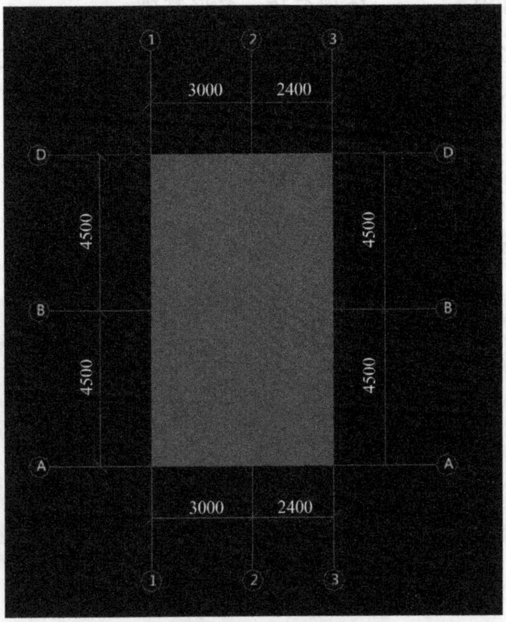

图 6-3 垫层平面图

4. 手工清单算量

1) 工程量计算规则

按设计图示尺寸以体积计算。不扣除伸入承台基础的桩头所占体积。

2) 工程量计算

$$V=(9.0\times5.4\times0.1)\text{m}^3=4.86\text{m}^3$$

5. 电算工程量

垫层电算工程量示意图如 6-4 所示。

构件工程量 | 做法工程量

清单工程量 定额工程量 显示房间、组合构件量 只显示标准层单层量

	分类条件	工程量名称			
	名称	垫层体积(m3)	垫层模板面积(m2)	模板体积(m3)	底部面积(m2)
1	DC-1	4.86	2.88	4.86	48.6
2	总计	4.86	2.88	4.86	48.6

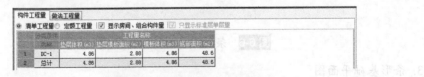

图 6-4 垫层电算工程量示意图

6.1.2 知道条基吗？

项目编码：010501002　　项目名称：条形基础

【例 6-2】已知某多层楼基础为条形基础，条形基础尺寸为 200mm×300mm，楼间尺寸为 9m×5.4m，试求该条形基础工程量。

条形基础含义计算规则.mp3

解：

1. 条形基础现场示意图

条形基础现场示意图如图 6-5 所示。

图 6-5 条形基础现场示意图

2. 条形基础三维立体效果图

条形基础三维立体效果图如图 6-6 所示。

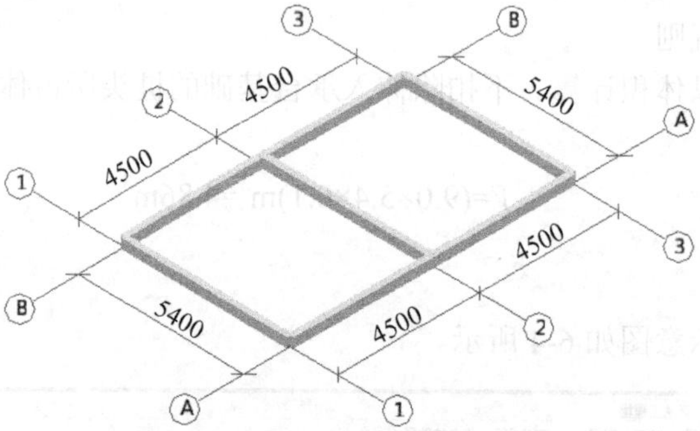

图 6-6 条形基础三维立体效果图

3. 条形基础平面图

条形基础平面图如图 6-7 所示。

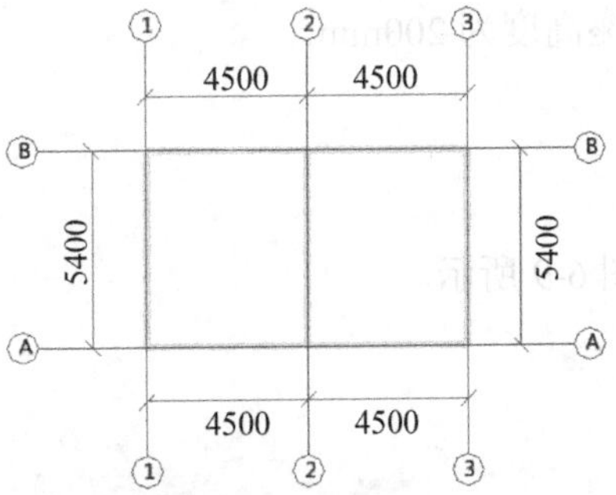

图 6-7　条形基础平面图

4. 手工清单算量

1)　工程量计算规则

按设计图示尺寸以体积计算。不扣除伸入承台基础的桩头所占体积。

2)　工程量计算

$$V=[(9+5.4)\times2\times0.2\times0.3+5.2\times0.2\times0.3]\text{m}^3=2.04\text{m}^3$$

5. 电算工程量图

条形基础电算工程量示意图如图 6-8 所示。

构件工程量　做法工程量

清单工程量　定额工程量　显示房间、组合构件量　只显示标准层单层量

	分类条件	工程量名称					
	名称		1	2	3	4	5
1	TJ-1[200*300 0 300 100]	条基单元	条基体积(m3)	条基模板面积(m2)	底面面积(m2)	顶面面积(m2)	侧面面积(m2)	砖胎膜体积
2		TJ-1-1	2.04	20.28	6.8	6.8	20.28	
3		小计	2.04	20.28	6.8	6.8	20.28	
4	总计	条基单元	条基体积(m3)	条基模板面积(m2)	底面面积(m2)	顶面面积(m2)	侧面面积(m2)	砖胎膜体积
5		TJ-1-1	2.04	20.28	6.8	6.8	20.28	
6		小计	2.04	20.28	6.8	6.8	20.28	

图 6-8　条形基础电算工程量示意图

6. 技巧分享

在绘制条形基础时，终点标高在属性编辑器中数值更改为 0→单击绘图→直线→绘制。

6.1.3　孤独的基础

项目编码：010501003　　项目名称：独立基础

独立基础含义和计算规则.mp4

【例 6-3】已知某民宅基础采用的是独立基础，基础底面长度为 450mm，基础底面宽度为 450mm，基础上边长为 400mm，宽度为 400mm。四棱锥

台高度为 300mm，四棱台底座高度为 200mm。

解：

1. 独立基础现场实物图

独立基础现场实物图如图 6-9 所示。

图 6-9　独立基础现场实物图

2. 独立基础三维立体效果图

独立基础三维立体效果图如图 6-10 所示。

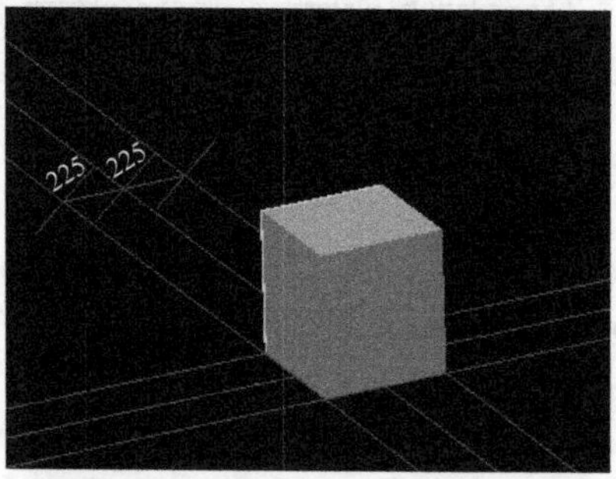

图 6-10　独立基础三维立体效果图

3. 独立基础平面图

独立基础平面图如图 6-11 所示。

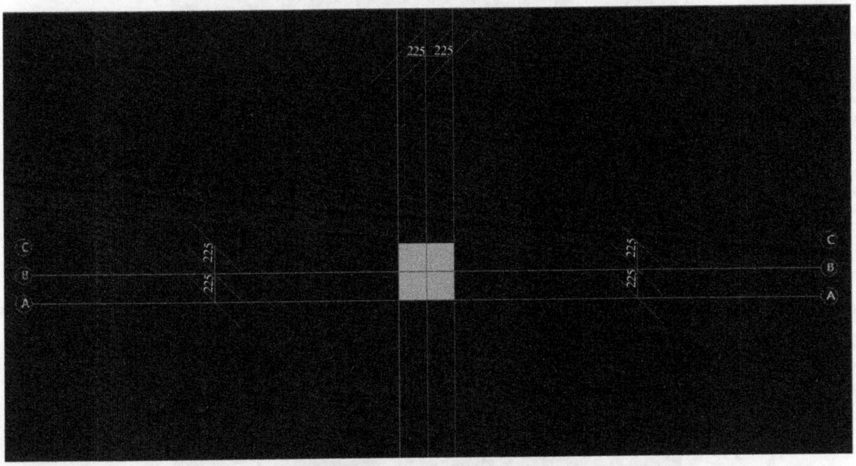

图 6-11 独立基础平面图

4. 手工清单算量

1) 工程量计算规则

$$V=[A\times B+(A+a)(B+b)+a\times b]\times H\div 6+ABh$$

其中：A、B——四棱锥台底边的长、宽；

a、b——四棱锥台上边的长、宽；

H——四棱锥台的高度；

h——四棱锥台底座厚度。

2) 工程量计算

$V=[0.45\times0.45+(0.45+0.4)\times(0.45+0.4)+0.4\times0.4]\times0.3\div6+0.45\times0.45\times0.2=0.09475\text{m}^3$

6.1.4 满堂基础

项目编码：010501004　　　项目名称：满堂基础

【例 6-4】已知某多层楼基础为满堂基础，满堂基础尺寸为 9m×5.4m，底板厚为 1m，试求满堂基础工程量。

解：

1. 满堂基础现场示意图

满堂基础现场示意图如图 6-12 所示。

图 6-12 满堂基础现场示意图

2. 满堂基础三维立体效果图

满堂基础三维立体效果图如图 6-13 所示。

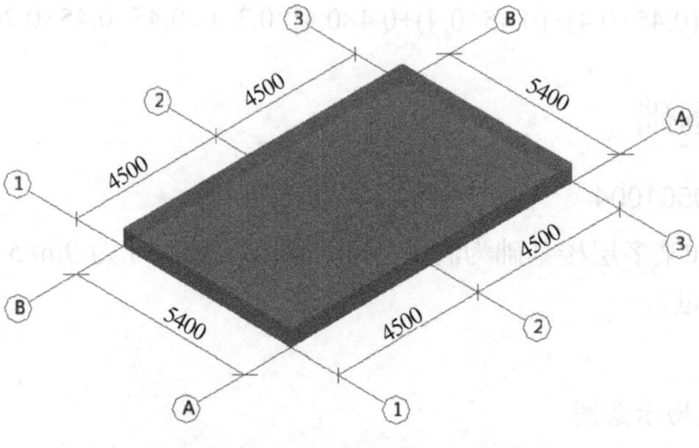

图 6-13 满堂基础三维立体效果图

3. 满堂基础平面图

满堂基础平面图如图 6-14 所示。

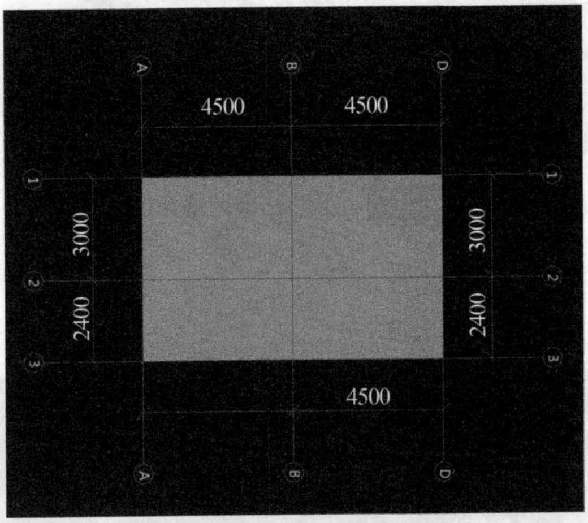

图 6-14 满堂基础平面图

4. 手工清单算量

1) 工程量计算规则

按设计图示尺寸以体积计算，不扣除伸入承台基础的桩头所占体积。

2) 工程量计算

$$V=9\times5.4\times1\text{m}^3=48.6\text{m}^3$$

6.2 现浇混凝土柱变身篇

6.2.1 “规矩”的柱子

项目编码：010502001 项目名称：矩形柱

【例 6-5】 已知某办公楼为框架结构，框架柱尺寸为 700mm×600mm，数量为 40，层高为 3m，试求该框架柱混凝土工程量。

解：

1. 矩形柱现场示意图

矩形柱现场示意图如图 6-15 所示。

柱板钢筋.mp4

图 6-15 矩形柱现场示意图

2. 矩形柱三维立体效果图

矩形柱三维立体效果图如图 6-16 所示。

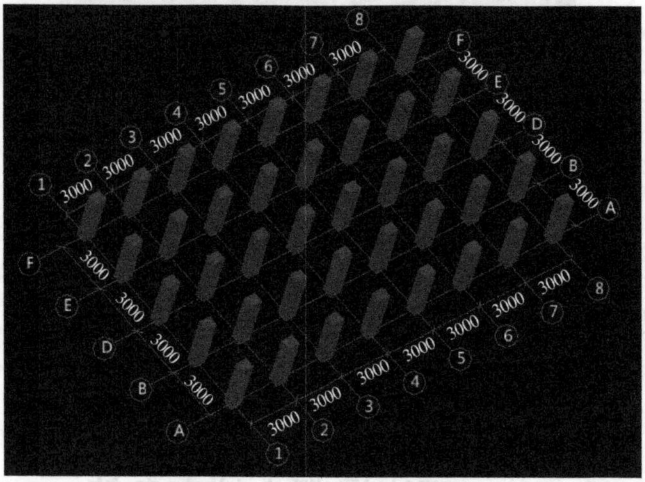

图 6-16 矩形柱三维立体效果图

3. 矩形柱平面图

矩形柱平面图如图 6-17 所示。

4. 手工清单算量

1) 工程量计算规则

按设计图示尺寸以体积计算。

柱高：

(1) 有梁板的柱高，应自柱基上表面(或楼板上表面)至上一层楼板上表面之间的高度计算。

(2) 无梁板的柱高，应自柱基上表面(或楼板上表面)至柱帽下表面之间的高度计算。

(3) 框架柱的柱高：应自柱基上表面至柱顶高度计算。

(4) 构造柱按全高计算，嵌接墙体部分(马牙槎)并入柱身体积。

(5) 依附柱上的牛腿和升板的柱帽，并入柱身体积计算。

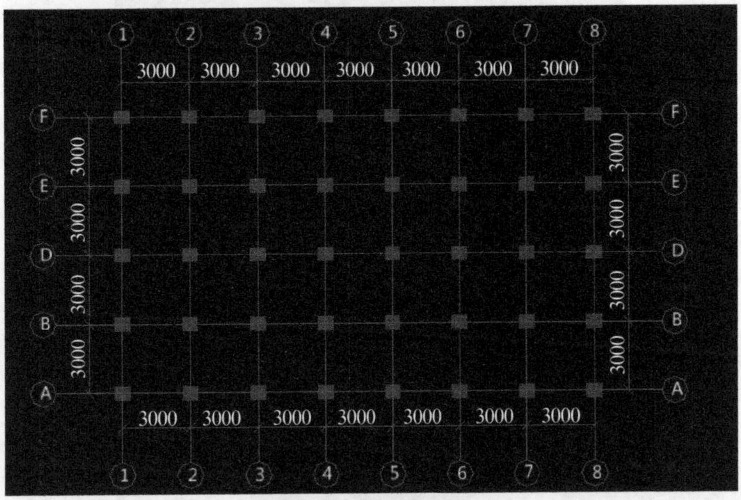

图 6-17　矩形柱平面图

2)　工程量计算

按设计图示尺寸以体积计算

$$V=0.7\times0.6\times3\times40\text{m}^3=50.4\text{m}^3$$

6.2.2　“不规矩”的构造柱

项目编码：010502002　　项目名称：构造柱

【例 6-6】 某单层房屋为砌体结构，墙厚 200mm，柱面尺寸为 200mm×200mm，层高为 3m，数量为 13，嵌入墙体长度为 60mm，试求该房间构造柱混凝土工程量。

解：

1. 构造柱现场示意图

构造柱现场示意图如图 6-18 所示。

2. 构造柱三维立体效果图

构造柱三维立体效果图如图 6-19 所示。

构造柱图解.mp4

图 6-18　构造柱现场示意效果图

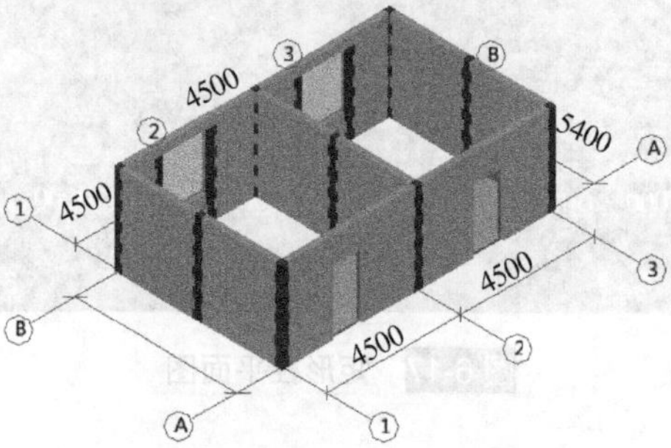

图 6-19　构造柱三维立体图

3. 构造柱平面图

构造柱平面图如图 6-20 所示。

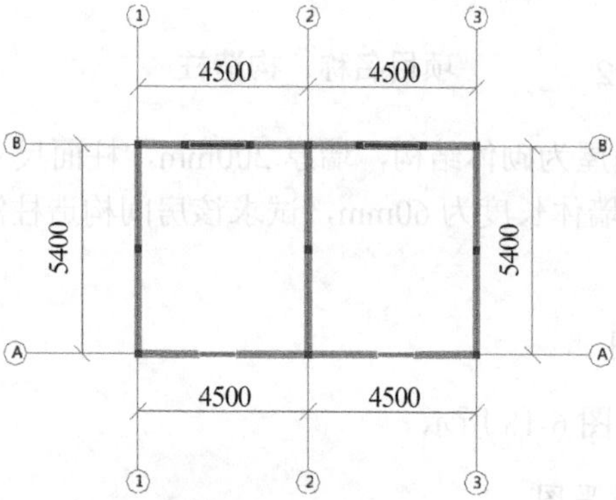

图 6-20　构造柱平面图

4. 手工清单算量

1) 工程量计算规则

按设计图示尺寸以体积计算。

柱高：

(1) 有梁板的柱高，应自柱基上表面(或楼板上表面)至上一层楼板上表面之间的高度计算。

(2) 无梁板的柱高，应自柱基上表面(或楼板上表面)至柱帽下表面之间的高度计算。

(3) 框架柱的柱高，应自柱基上表面至柱顶高度计算。

(4) 构造柱按全高计算，嵌接墙体部分(马牙槎)并入柱身体积。

(5) 依附柱上的牛腿和升板的柱帽，并入柱身体积计算。

2) 工程量计算

$$V=[(0.2\times0.2+0.06\times0.2)\times3]\times13+0.06\times0.2\times3\text{m}^3=2.064\text{m}^3$$

6.3 梁的家谱

6.3.1 地下基础梁

项目编码：010503001　　　项目名称：基础梁

梁的计算规则.mp3

【例 6-7】 已知某多层楼基础为独立基础，独立基础上部设置基础梁，基础梁尺寸为200mm×300mm，墙厚200mm，试求该基础梁混凝土工程量。

解：

1. 基础梁现场示意图

基础梁现场示意图如图6-21所示。

图6-21 基础梁现场示意图

2. 基础梁三维立体效果图

基础梁三维立体效果图如图 6-22 所示。

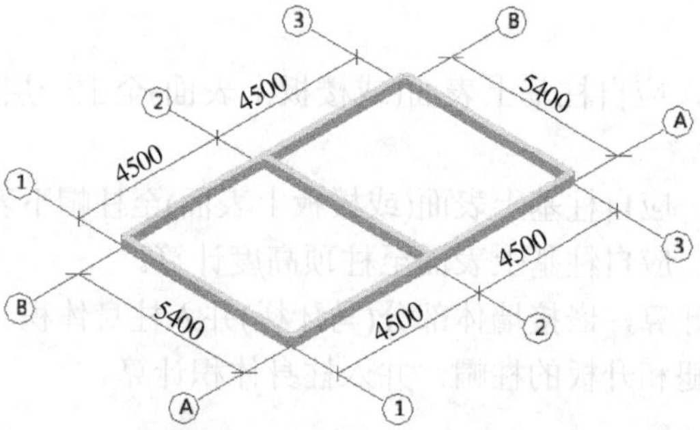

图 6-22　基础梁三维立体效果图

3. 基础梁平面图

基础梁平面图如图 6-23 所示。

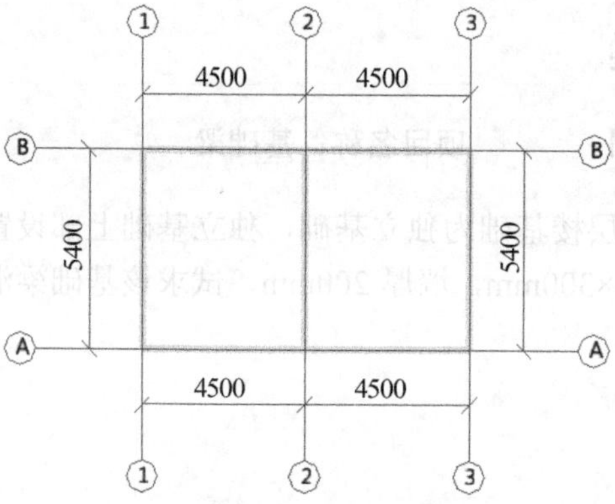

图 6-23　基础梁平面图

4. 手工清单算量

1)　工程量计算规则

按设计图示尺寸以体积计算。伸入墙内的梁头、梁垫并入梁体积内。

梁长：

(1)　梁与柱连接时，梁长算至柱侧面。

(2)　主梁与次梁连接时，次梁长算至主梁侧面。

2)　工程量计算

$$V=(9+5.4)\times2\times0.2\times0.3+(5.4-0.2)\times0.2\times0.3\text{m}^3=2.04\text{m}^3$$

6.3.2 地上矩形梁

项目编码：010503002　　项目名称：矩形梁

【例 6-8】已知某多层楼为框架结构，矩形梁尺寸为 200mm×300mm，试求该矩形梁混凝土工程量。

解：

1. 矩形梁现场示意图

矩形梁现场示意图如图 6-24 所示。

图 6-24　矩形梁现场示意图

2. 矩形梁三维立体效果图

矩形梁三维立体效果图如图 6-25 所示。

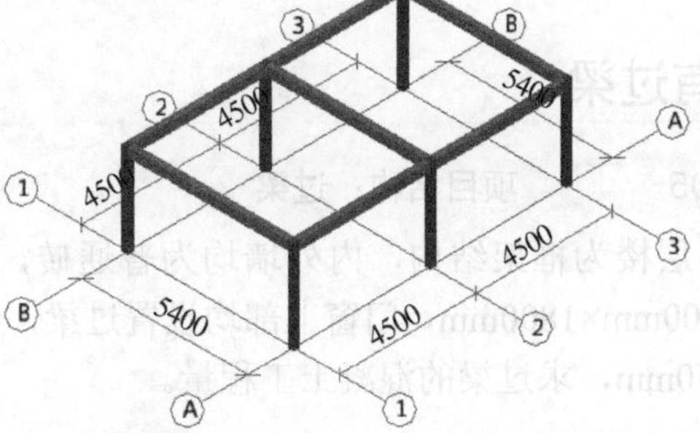

图 6-25　矩形梁三维立体效果图

3. 矩形梁平面图

矩形梁平面图如图 6-26 所示。

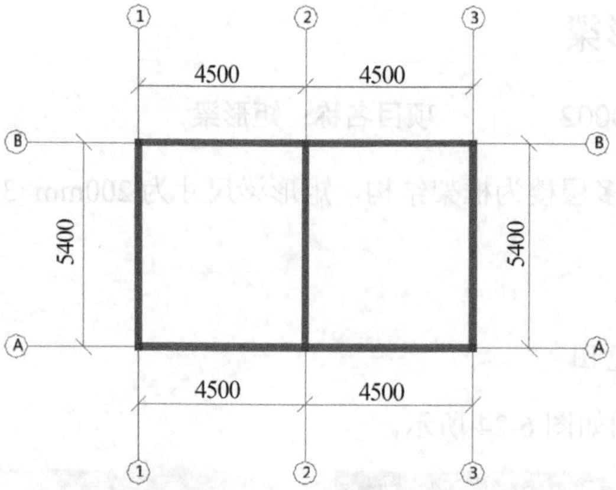

图 6-26　矩形梁平面图

4. 手工清单算量

1)　工程量计算规则

按设计图示尺寸以体积计算。伸入墙内的梁头、梁垫并入梁体积内。

梁长：

(1)　梁与柱连接时，梁长算至柱侧面。

(2)　主梁与次梁连接时，次梁长算至主梁侧面。

2)　工程量计算

$$V=(5.2+8.6)\times2\times0.2\times0.3+5.2\times0.2\times0.3\text{m}^3=1.968\text{m}^3$$

6.3.3 门窗洞口有过梁

项目编码：010503005　　　　项目名称：过梁

【例 6-9】已知某多层楼为框架结构，内外墙均为普通砖，室内门尺寸为 1000mm×2100mm，窗户尺寸为 1500mm×1800mm，门窗上部均设置过梁，过梁深入墙内 250mm，过梁截面尺寸为 200mm×150mm，求过梁的混凝土工程量。

解：

1. 过梁现场示意图

过梁现场示意图如图 6-27 所示。

图 6-27　过梁现场示意效果图

2. 过梁三维立体效果图

过梁三维立体效果图如图 6-28 所示。

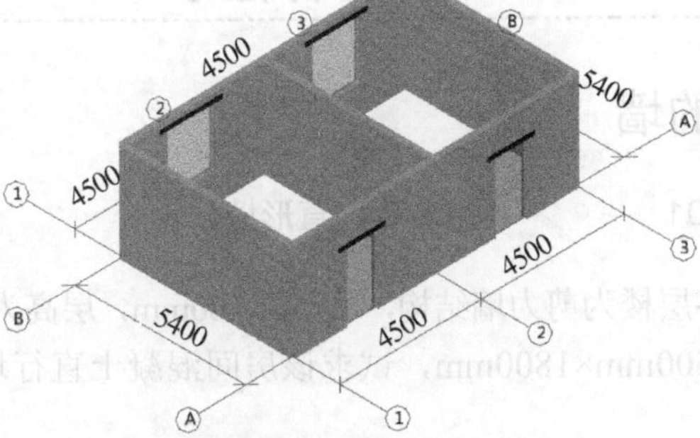

图 6-28　过梁三维立体图

3. 过梁平面图

过梁平面图如图 6-29 所示。

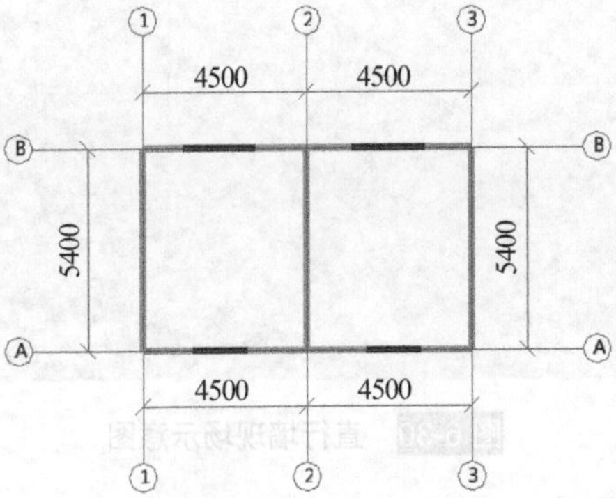

图 6-29　过梁平面图

4. 手工清单算量

1) 工程量计算规则

按设计图示尺寸以体积计算。伸入墙内的梁头、梁垫并入梁体积内。

梁长：

(1) 梁与柱连接时，梁长算至柱侧面。

(2) 主梁与次梁连接时，次梁长算至主梁侧面。

2) 工程量计算

$$V=(0.2\times0.15)\times(1.5+0.25\times2)\times2+(0.2\times0.15)\times(1+0.25\times2)\times2\text{m}^3=0.21\text{m}^3$$

6.4 墙也有性子！

6.4.1 固“直”的墙

项目编码：010504001　　　　项目名称：直形墙

【例 6-10】已知某多层楼为剪力墙结构，墙厚为200mm，层高为3m，门尺寸为1000mm×2100mm，窗户尺寸为1500mm×1800mm，试求该房间混凝土直行墙的体积。

解：

1. 直行墙现场示意图

直行墙现场示意图如图 6-30 所示。

图 6-30 直行墙现场示意图

2. 直行墙三维立体效果图

直行墙三维立体效果图如图 6-31 所示。

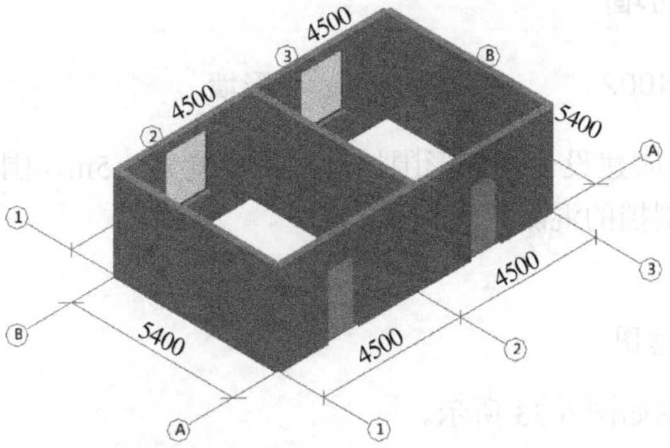

图6-31 直行墙三维立体效果图

3. 直行墙平面图

直行墙平面图如图6-32所示。

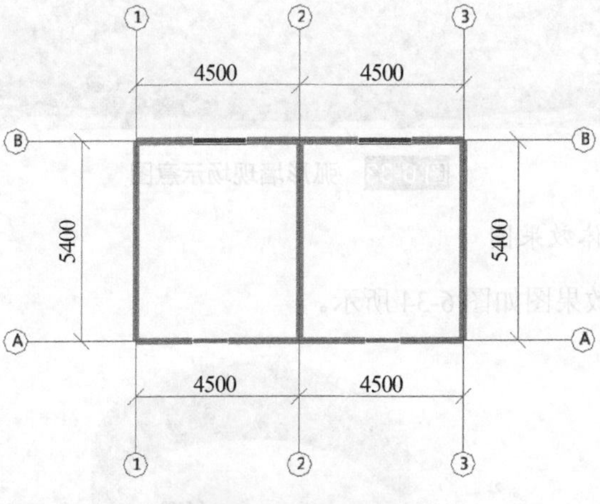

图6-32 直行墙平面图

4. 手工清单算量

1) 工程量计算规则

按设计图示尺寸以体积计算，扣除门窗洞口及单个面积＞0.3m^2的孔洞所占体积，墙垛及突出墙面部分并入墙体体积计算内。

2) 工程量计算

$$V_{直形墙}=(5.4\times2+9\times2+5.2)\times3\times0.2-1\times2.1\times0.2\times2-1.5\times1.8\times0.2\times2\text{m}^3=18.48\text{m}^3$$

6.4.2 懂拐弯的墙

项目编码：010504002　　　　项目名称：弧形墙

【例 6-11】 某公园建设一个圆形围挡，围挡高度为 1.5m，围挡半径为 5.1m，围挡厚 200mm，试求该圆形围挡的混凝土工程量。

解：

1. 弧形墙现场示意图

弧形墙现场示意图如图 6-33 所示。

图 6-33 弧形墙现场示意图

2. 弧形墙三维立体效果图

弧形墙三维立体效果图如图 6-34 所示。

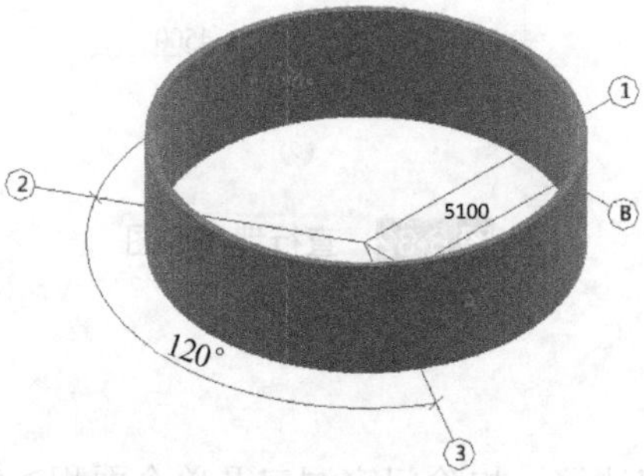

图 6-34 弧形墙三维立体效果图

3. 弧形墙平面图

弧形墙平面图如图 6-35 所示。

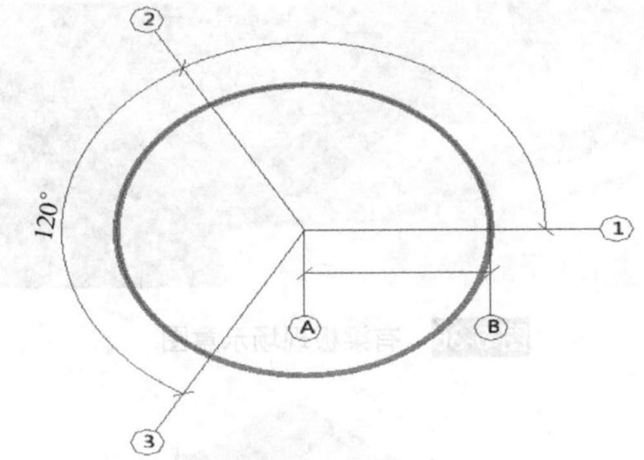

图 6-35　弧形墙平面图

4. 手工清单算量

1)　工程量计算规则

按设计图示尺寸以体积计算，扣除门窗洞口及单个面积＞$0.3m^2$的孔洞所占体积，墙垛及突出墙面部分并入墙体体积计算内。

2)　工程量计算

$$V_{弧形墙}=3.14\times5.1\times2\times0.2\times1.5m^3=9.608m^3$$

6.5　现浇板有分别

6.5.1　有梁板

项目编码：010505001　　　项目名称：有梁板

板计算规则.mp3

【例 6-12】 已知某多层楼为剪力墙结构，有梁板厚度为 100mm，梁的尺寸为 200mm×300mm，试求房间有梁板的混凝土工程量。

解：

1. 有梁板现场示意图

有梁板现场示意图如图 6-36 所示。

2. 有梁板三维立体效果图

有梁板三维立体效果图如图 6-37 所示。

图 6-36 有梁板现场示意图

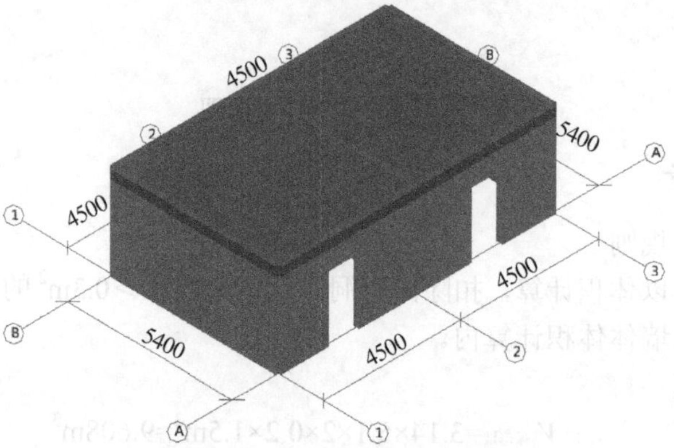

图 6-37 有梁板三维立体效果图

3. 有梁板平面图

有梁板平面图如图 6-38 所示。

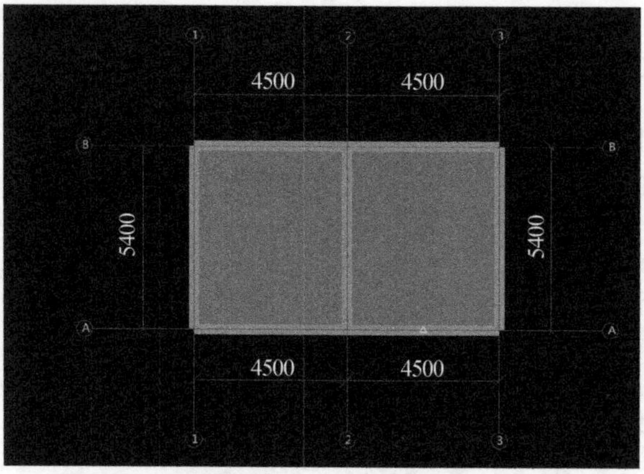

图 6-38 有梁板平面图

4. 手工清单算量

1) 工程量计算规则

按设计图示尺寸以体积计算，不扣除单个面积≤$0.3m^2$的柱、垛以及孔洞所占体积。压形钢板混凝土楼板扣除构件内压形钢板所占体积，有梁板(包括主、次梁与板)按梁、板体积之和计算，无梁板按板和柱帽体积之和计算，各类板伸入墙内的板头并入板体积内，薄壳板的肋、基梁并入薄壳体积内计算。

2) 工程量计算

$$V_{有梁板}=(5.4\times2+9\times2+5.2)\times0.2\times0.3+4.3\times5.2\times2\times0.1m^3=6.512m^3$$

6.5.2 无梁板

项目编码：010505002　　项目名称：无梁板

【例 6-13】已知某多层楼为砌体结构，无梁板厚度为120mm，试求房间无梁板的混凝土工程量。

解：

1. 无梁板现场示意图

梁板现场示意图如图 6-39 所示。

图 6-39 无梁板现场示意图

2. 无梁板三维立体效果图

无梁板三维立体效果图如图 6-40 所示。

3. 无梁板平面图

无梁板平面图如图 6-41 所示。

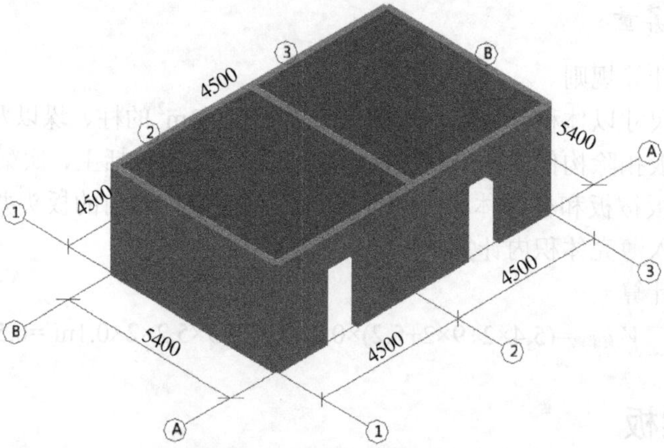

图 6-40　无梁板三维立体效果图

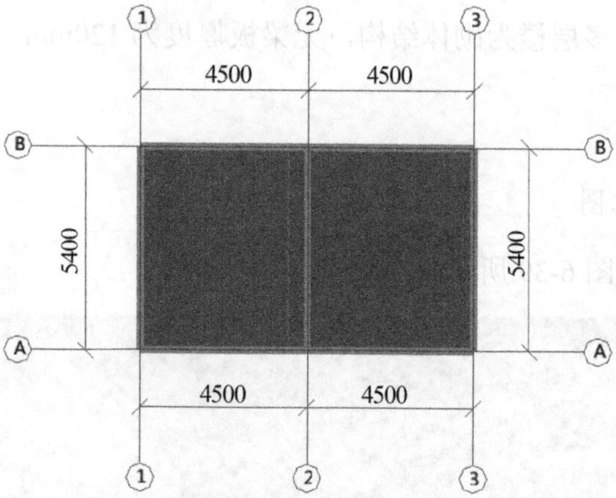

图 6-41　无梁板平面图

4. 手工清单算量

1)　工程量计算规则

按设计图示尺寸以体积计算，不扣除单个面积≤0.3m^{2}的柱、垛以及孔洞所占体积压形钢板混凝土楼板扣除构件内压形钢板所占体积，有梁板(包括主、次梁与板)按梁、板体积之和计算，无梁板按板和柱帽体积之和计算，各类板伸入墙内的板头并入板体积内，薄壳板的肋、基梁并入薄壳体积内计算。

2)　工程量计算

$$V_{无梁板}=9.2\times5.6\text{m}^3\times0.12=6.18\text{m}^3$$

6.6　大众现浇楼梯

项目编码：010506001　　　　项目名称：直行楼梯

【例6-14】 已知某4层楼梯为直行楼梯，楼梯开间为3600mm，进深为6300mm，墙厚为240mm试求该楼梯的工程量是多少。

解：

1. 直行楼梯现场图

直行楼梯现场图如图6-42所示。

直行楼梯计算规则.mp3

图6-42　直行楼梯现场图

2. 直行楼梯三维立体效果图

直行楼梯三维立体效果图如图6-43所示。

3. 直行楼梯平面图

直行楼梯平面图如图6-44所示。

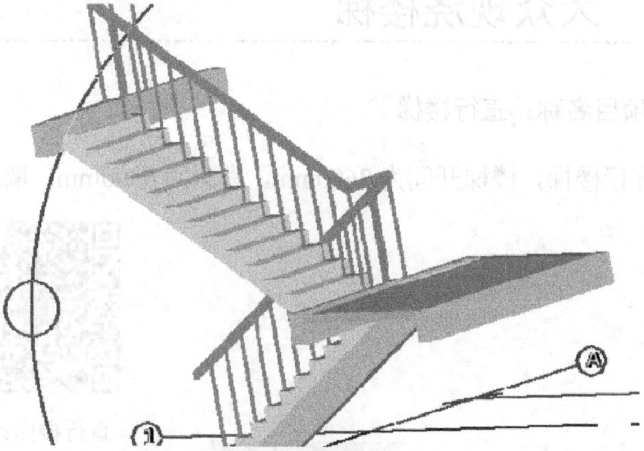

图 6-43 直行楼梯三维立体效果图

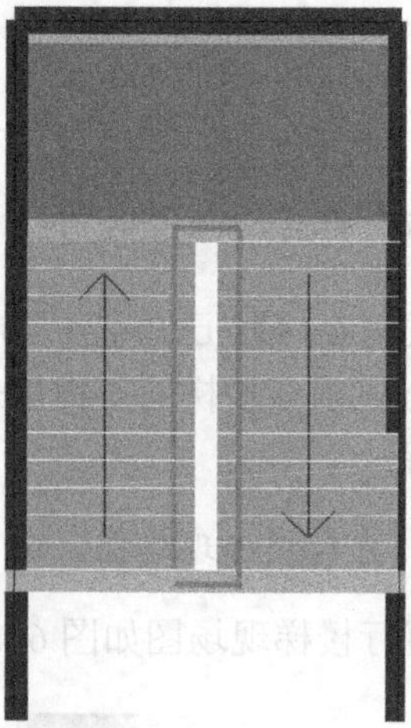

图 6-44 直行楼梯平面图

4. 手工算工程量

1) 工程量计算规则

直行楼梯的工程量按其水平投影面积计算。在计算水平投影面积的时候，梯柱和楼梯休息平台还有休息平台下边的梁均不扣除。

2) 工程量计算

$$V_{直行楼梯}=(3.6-0.12\times2)\times(6.3-0.12\times2)\times4\text{m}^2=81.446\text{m}^2$$

6.7 现浇混凝土其他构件

项目编码：010507001　　项目名称：散水、坡道

【例 6-15】 已知某多层楼为砌体结构，墙厚为 200mm，室外散水为 900mm，厚度为 100mm，试求散水工程量。

解：

1. 散水现场示意图

散水现场示意图如图 6-45 所示。

散水、坡道计算规则.mp3

图 6-45　散水现场示意图

2. 散水三维立体效果图

散水三维立体效果图如图 6-46 所示。

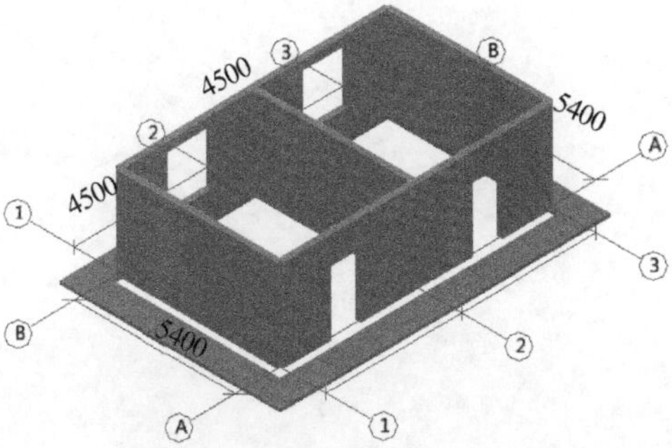

图 6-46　散水三维立体效果图

3. 散水平面图

散水平面图如图 6-47 所示。

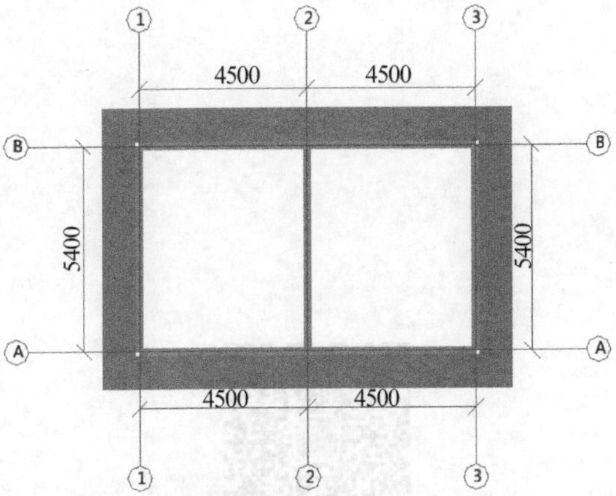

图 6-47　散水平面图

4. 手工清单算量

1) 工程量计算规则

按设计图示尺寸以水平投影面积计算。不扣除单个≤$0.3m^2$的孔洞所占面积。

2) 工程量计算

$$V_{散水}=(9+2)\times(5.4+2)-9.2\times5.6=11\times7.4-51.52m^2=29.88m^2$$

第 6 章 混凝土及钢筋混凝土工程.pptx

第7章 金属结构『变形记』

7.1 钢网架结构

项目编码：010601001001　　　　项目名称：钢网架

【例 7-1】 已知上弦杆为ϕ48×3.5 圆管，长度为 9m，*XY* 向分四排，间隔 3m，下弦杆为ϕ60×3.5 圆管，长度为 7m，分别距上弦杆边 1m，*XY* 向分三排间隔 3.5m，斜腹杆用ϕ60×3.5 圆管连接上下弦，上下弦相距 1m，焊接球为ϕ100×4。求其工程量。

解：

钢支撑.mp4

钢网架的定义和计算规则.mp3

1. 网架结构示意图

网架结构示意图如图 7-1 所示。

2. 网架三维立体效果图

网架三维立体效果图如图 7-2 所示。

图 7-1 网架结构示意图

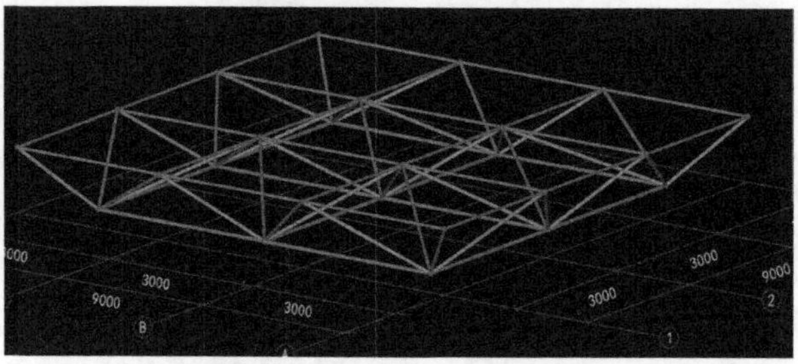

图 7-2 网架三维立体效果图

3. 网架平面图

网架平面图如图 7-3 所示。

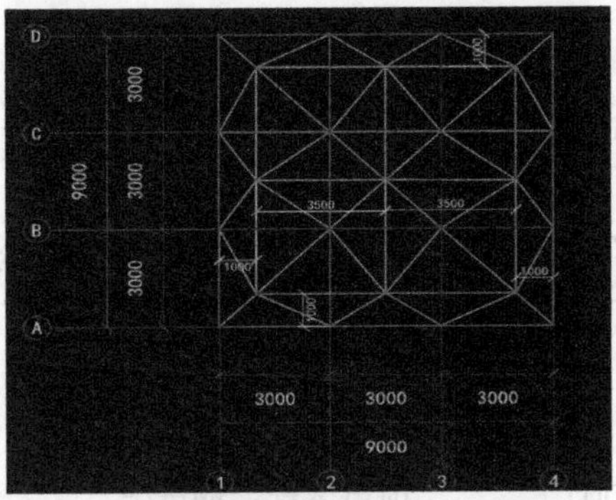

图 7-3 网架平面图

4. 手工清单算量

1) 清单工程量计算规则

按设计图示尺寸以质量计算。不扣除孔眼的质量，焊条、铆钉等不另增加质量。

2) 工程量计算

分别计算上弦杆、下弦杆、腹杆(斜腹杆)、焊接球

重量=长度×单位重量

上弦杆：9×3.84×4×2kg=276.48kg

下弦杆：7×4.88×3×2kg=204.96kg

斜腹杆：(1.73×4+2.45×8+2.06×8+3×4+2.69×8+2.34×4)×4.88kg=419.09kg

焊接球：0.91×25kg=22.75kg

共计：(276.48+204.96+419.09+22.75)kg=923.28kg

5. 电算工程量

网架电算工程量示意图如图 7-4 所示。

重量(kg)： 893.645 面积(m2)： 34.509 底漆(m2)： 34.509 中间漆(m2)： 34.509 面漆(m2)： 34.509
防火(m2)： 34.509 螺栓(套)： 0 栓钉(套)： 0 锚栓(套)： 0

	构件名称	规格	数量	重量计算式	总重量(kg)	总面积(m2)	底漆(m2)	中间漆(m2)	面漆(m2)	防火(m2)
1 −	WJDY-1[399]				893.645	34.509	34.509	34.509	34.509	34.509
2	SX-1[400]	D48*3.5	1	3.84*8924.32*1-0.74	33.529	1.319	1.319	1.319	1.319	1.319
3	SX-1[401]	D48*3.5	1	3.84*8925.63*1-0.745	33.529	1.319	1.319	1.319	1.319	1.319
4	SX-1[402]	D48*3.5	1	3.84*8924.32*1-0.74	33.529	1.319	1.319	1.319	1.319	1.319
5	SX-1[403]	D48*3.5	1	3.84*8925.63*1-0.745	33.529	1.319	1.319	1.319	1.319	1.319
6	SX-1[404]	D48*3.5	1	3.84*8925.63*1-0.745	33.529	1.319	1.319	1.319	1.319	1.319
7	SX-1[405]	D48*3.5	1	3.84*8925.63*1-0.745	33.529	1.319	1.319	1.319	1.319	1.319
8	SX-1[406]	D48*3.5	1	3.84*8924.32*1-0.74	33.529	1.319	1.319	1.319	1.319	1.319
9	SX-1[407]	D48*3.5	1	3.84*8924.32*1-0.74	33.529	1.319	1.319	1.319	1.319	1.319

图 7-4 网架电算工程量示意图

6. 技巧分享

框选择构件→创建组合构件→网架单元→定义名称。

7.2 带“架”字的钢结构

7.2.1 钢屋架

项目编码：010602001001　　　　项目名称：钢屋架

钢结构计算规则.mp3

【例 7-2】 已知一钢屋架为三角结构，底长 8m 为 L110×8，两边长 6m 为 L56×6，连接板为 600mm×350mm×8mm 的钢板，求其工程量。

解：

1. 钢屋架结构示意图

钢屋架结构示意图如图 7-5 和图 7-6 所示。

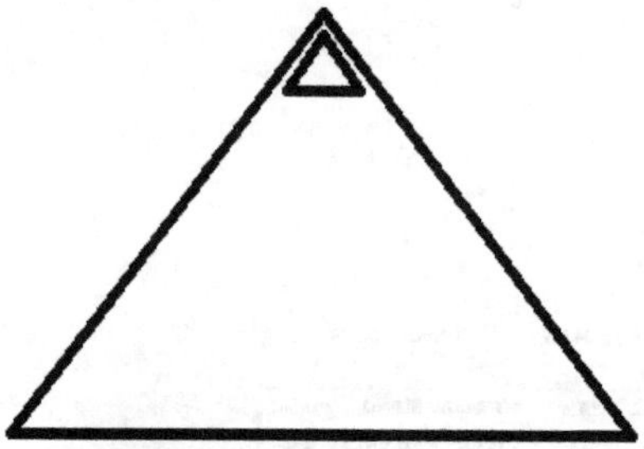

图 7-5 钢屋架结构示意图

图 7-6 钢屋架现场示意图

2. 钢屋架三维立体效果图

钢屋架三维立体效果图如图 7-7 所示。

图 7-7 钢屋架三维立体效果图

3. 钢屋架平面图

钢屋架平面示意图如图 7-8 所示。

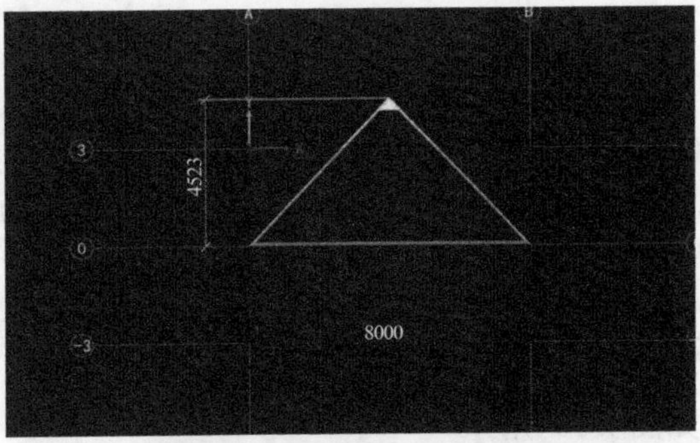

图 7-8 钢屋架平面示意图

4. 手工清单算量

1) 清单工程量计算规则

(1) 以榀计量，按设计图示数量计算。

(2) 以吨计量，按设计图示尺寸以质量计算。不扣除孔眼的质量，焊条、铆钉、螺栓等不另增加质量。

小贴士： 钢屋架通常是由下弦、上弦、斜撑等构件组成，组成后称为一榀，它与门窗中的一樘是同一个意思，是量词。

2) 工程量计算

重量=长度×单位重量

屋架上弦工程量为：6×2×6.568kg=78.816kg

屋架下弦工程量为：8×13.532kg=108.256kg

连接板工程量为：0.6×0.35×62.8kg=13.188kg

该屋架工程量合计为：(78.816+108.256+13.188)kg=200.26kg

5. 电算工程量

钢屋架电算工程量示意图如图 7-9 所示。

重量(kg)： 167.848　面积(m2)： 6.060　底漆(m2)： 6.060　中间漆(m2)： 6.060　面漆(m2)： 6.060

防火(m2)： 6.060　螺栓(套)： 0　栓钉(套)： 0　锚栓(套)： 0

	构件名称	规格	数量	重量计算式	总重量(kg)	总面积(m2)	底漆(m2)	中间漆(m2)	面漆(m2)	防火(m2)
1	ZDY-1[151]				167.848	6.060	6.060	6.060	6.060	6.060
2	XX-1[152]	L110*8	1	13.532*8000*1-0.717	107.539	3.432	3.432	3.432	3.432	3.432
3	SX-1[153]	L56*6	1	5.04*6000*1-0.072	30.168	1.315	1.315	1.315	1.315	1.315
4	SX-1[154]	L56*6	1	5.04*6000*1-0.099	30.141	1.313	1.313	1.313	1.313	1.313

图 7-9　钢屋架电算工程量示意图

7.2.2 钢托架

项目编码：010602002001　　　　项目名称：钢托架

【例 7-3】 已知一钢托架为工字钢 HW300×305×15×15，长度为 8m，求其工程量。

解：

1. 钢托架结构示意图

钢托架结构示意图如图 7-10 所示。

图 7-10　钢托架结构示意图

2. 钢托架三维立体效果图

钢托架三维立体效果图如图 7-11 所示。

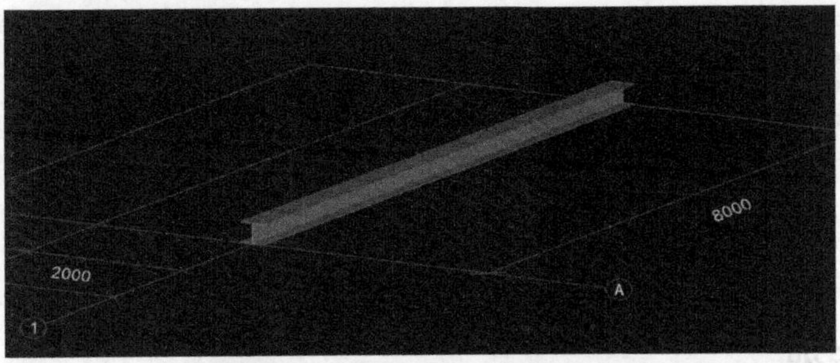

图 7-11 钢托架的三维立体效果图

3. 钢托架平面图

钢托架平面图如图 7-12 所示。

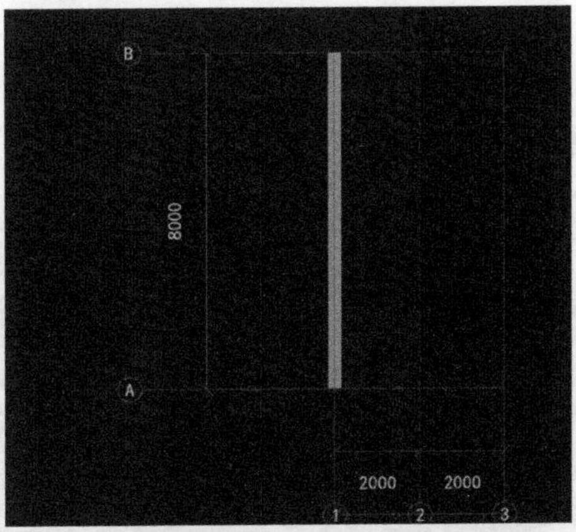

图 7-12 钢托架平面图

4. 手工清单算量

1) 工程量计算规则

按设计图示尺寸以质量计算。不扣除孔眼的质量，焊条、铆钉、螺栓等不另增加质量。

2) 工程量计算

重量=长度×单位重量

=8×105kg=840kg

5. 电算工程量

钢托架电算工程量示意图如图 7-13 所示。

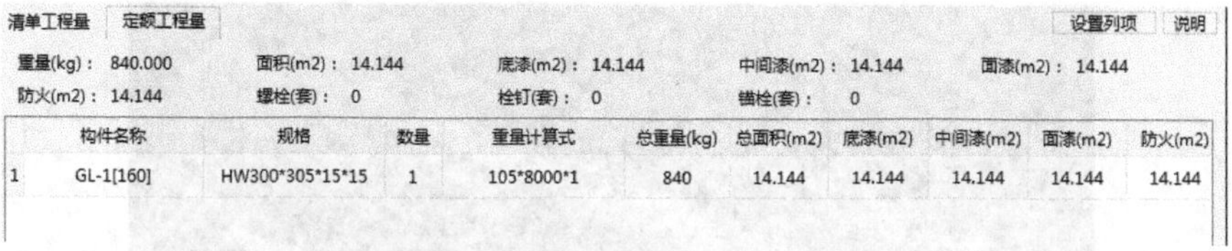

清单工程量 定额工程量 设置列项 说明

重量(kg)：840.000 面积(m2)：14.144 底漆(m2)：14.144 中间漆(m2)：14.144 面漆(m2)：14.144

防火(m2)：14.144 螺栓(套)：0 栓钉(套)：0 锚栓(套)：0

	构件名称	规格	数量	重量计算式	总重量(kg)	总面积(m2)	底漆(m2)	中间漆(m2)	面漆(m2)	防火(m2)
1	GL-1[160]	HW300*305*15*15	1	105*8000*1	840	14.144	14.144	14.144	14.144	14.144

图 7-13 钢托架电算工程量示意图

7.2.3 钢桁架

项目编码：010602003001 项目名称：钢桁架

【例 7-4】已知某厂房钢桁架如图 7-15 所示，计算钢桁架工程量。

解：

1. 钢桁架现场示意图

钢桁架现场示意图如图 7-14 所示。

图 7-14 钢桁架现场示意图

2. 钢桁架示意图

钢桁架示意图如图 7-15 所示。

3. 钢桁架三维立体效果图

钢桁架三维立体效果图如图 7-16 所示。

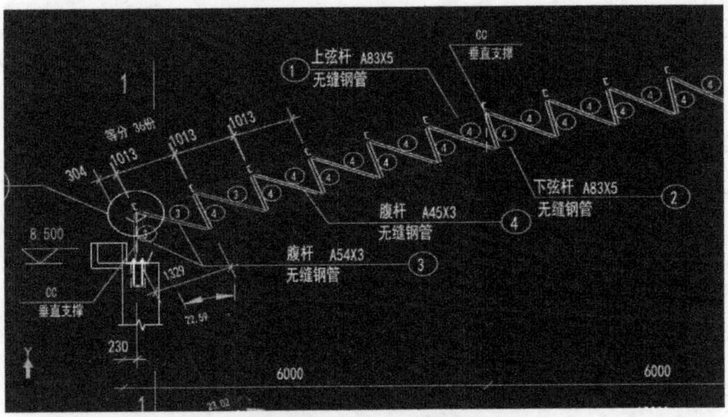

图 7-15 钢桁架示意图

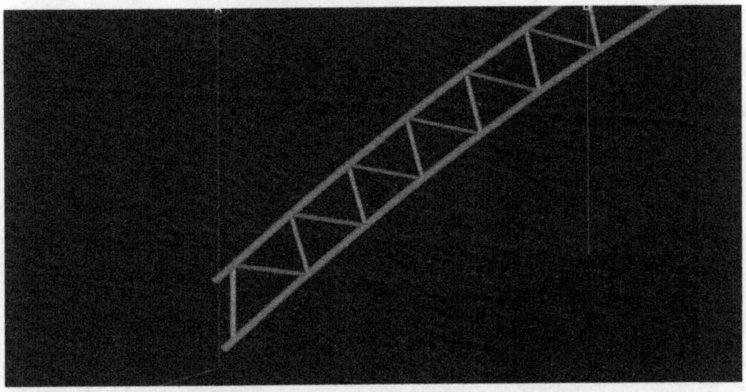

图 7-16 钢桁架三维立体效果图

4. 钢桁架平面图

钢桁架平面图如图 7-17 所示。

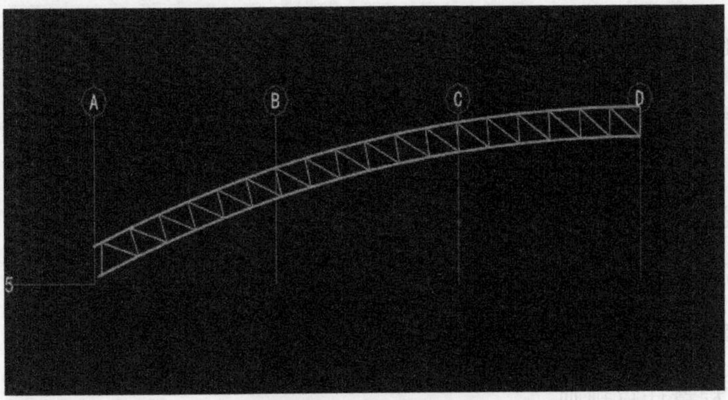

图 7-17 钢桁架平面图

5. 手工清单算量

$$重量=长度\times单位重量$$

29.33×9.62kg=282.15kg

28.87×9.62kg=277.73kg

(1.26+1.9×6+1.11)×3.77kg=51.91kg

(1.07×18+1.78×12)×3.11kg=126.33kg

共计：(282.15+277.73+51.91+126.33)kg=738.12kg

6. 电算工程量

钢桁架电算工程量示意图如图 7-18 所示。

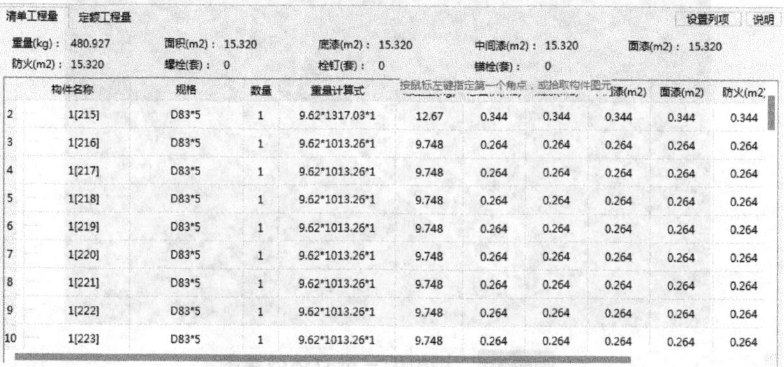

清单工程量　定额工程量　设置列项　说明

重量(kg)：480.927　面积(m2)：15.320　底漆(m2)：15.320　中间漆(m2)：15.320　面漆(m2)：15.320

防火(m2)：15.320　螺栓(套)：0　栓钉(套)：0　锚栓(套)：0

按鼠标左键指定第一个角点，或拾取构件图元

	构件名称	规格	数量	重量计算式	[illegible]	[illegible]	[illegible]	漆(m2)	面漆(m2)	防火(m2)
2	1[215]	D83*5	1	9.62*1317.03*1	12.67	0.344	0.344	0.344	0.344	0.344
3	1[216]	D83*5	1	9.62*1013.26*1	9.748	0.264	0.264	0.264	0.264	0.264
4	1[217]	D83*5	1	9.62*1013.26*1	9.748	0.264	0.264	0.264	0.264	0.264
5	1[218]	D83*5	1	9.62*1013.26*1	9.748	0.264	0.264	0.264	0.264	0.264
6	1[219]	D83*5	1	9.62*1013.26*1	9.748	0.264	0.264	0.264	0.264	0.264
7	1[220]	D83*5	1	9.62*1013.26*1	9.748	0.264	0.264	0.264	0.264	0.264
8	1[221]	D83*5	1	9.62*1013.26*1	9.748	0.264	0.264	0.264	0.264	0.264
9	1[222]	D83*5	1	9.62*1013.26*1	9.748	0.264	0.264	0.264	0.264	0.264
10	1[223]	D83*5	1	9.62*1013.26*1	9.748	0.264	0.264	0.264	0.264	0.264

图 7-18　钢桁架电算工程量示意图

7.2.4 钢架桥

项目编码：010602004001　　　项目名称：钢架桥

【例 7-5】求用公式表达钢架桥的工程量。

解：

1. 钢架桥现场示意图

钢架桥现场示意图如图 7-19 所示。

2. 手工清单算量

1)　清单工程量计算规则

按设计图示尺寸以质量计算。不扣除孔眼的质量，焊接、铆钉、螺栓等不另增加质量。

图 7-19 钢架桥现场示意图

2) 工程量计算

柱+梁+板及其他构件

$$V_{钢架桥}=V_{柱}+V_{梁}+V_{板及其他构件}$$

7.3 认识下钢柱

7.3.1 实腹钢柱

项目编码：010603001001 项目名称：实腹钢柱

【例 7-6】 已知钢柱 HW300×300×10×15，长度为 9m，求其工程量。

解：

1. 实腹钢柱现场示意图

实腹钢柱现场示意图如图 7-20 所示。

图 7-20 实腹钢柱现场示意图

2. 实腹钢柱三维立体效果图

实腹钢柱三维立体效果图如图 7-21 所示。

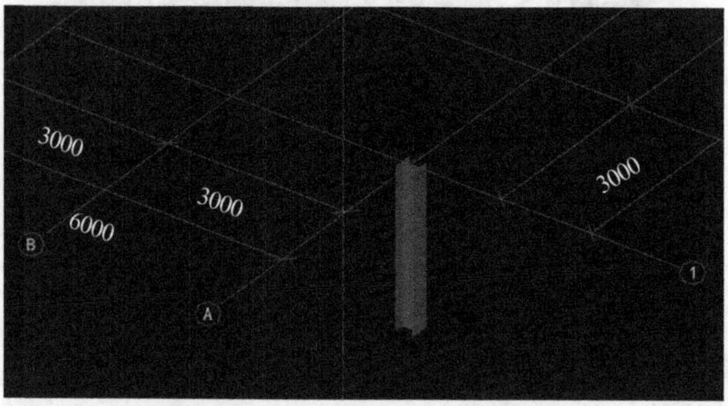

图 7-21 实腹钢柱三维立体效果图

3. 实腹钢柱平面图

实腹钢柱平面图如图 7-22 所示。

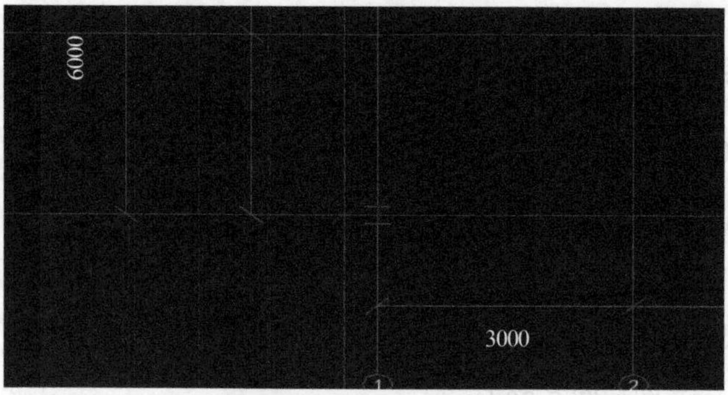

图 7-22 实腹钢柱平面图

4. 手工清单算量

1) 清单工程量计算规则

按设计图示尺寸以质量计算。不扣除孔眼的质量，焊条、铆钉、螺栓等不另增加质量，依附在钢柱上的牛腿及悬臂梁等并入钢柱工程量内。

2) 工程量计算

重量=长度×单位重量

=9×93kg=837kg

5. 电算工程量

实腹钢柱电算工程量图如图 7-23 所示。

清单工程量　定额工程量　　设置列项　说明

重量(kg)： 837.000　面积(m2)： 15.822　底漆(m2)： 15.822　中间漆(m2)： 15.822　面漆(m2)： 15.822

防火(m2)： 15.822　螺栓(套)： 0　栓钉(套)： 0　锚栓(套)： 0

	构件名称	规格	数量	重量计算式	总重量(kg)	总面积(m2)	底漆(m2)	中间漆(m2)	面漆(m2)	防火(m2)
1	GZ-1[27]	HW300*300*10*15	1	93*9000*1	837	15.822	15.822	15.822	15.822	15.822

图 7-23 实腹钢柱电算工程量图

7.3.2 空腹钢柱

项目编码：010603002001　　项目名称：空腹钢柱

【例 7-7】 某厂房新进一批钢柱，已知钢柱规格为 200mm×150mm×4mm，长度为 7m，求其工程量。

解：

1. 空腹钢柱现场示意图

空腹钢柱现场示意图如图 7-24 所示。

图 7-24 空腹钢柱现场示意图

2. 空腹钢柱三维立体效果图

空腹钢柱三维立体效果图如图 7-25 所示。

3. 空腹钢柱平面图

空腹钢柱平面图如图 7-26 所示。

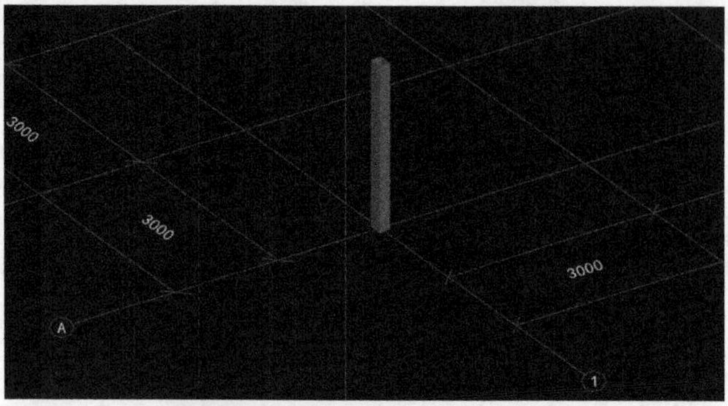

图 7-25 空腹钢柱三维立体效果图

图 7-26 空腹钢柱平面图

4. 手工清单算量

1) 清单工程量计算规则

按设计图示尺寸以质量计算。不扣除孔眼的质量，焊条、铆钉、螺栓等不另增加质量，依附在钢柱上的牛腿及悬臂梁等并入钢柱工程量内。

2) 工程量计算

$$重量=长度\times单位重量$$
$$=7\times21.478\text{kg}=150.346\text{kg}$$

5. 电算工程量

空腹钢柱电算工程量示意图如图 7-27 所示。

重量(kg)： 150.346　面积(m2)： 4.900　底漆(m2)： 4.900　中间漆(m2)： 4.900　面漆(m2)： 4.900
防火(m2)： 4.900　螺栓(套)： 0　栓钉(套)： 0　锚栓(套)： 0

	构件名称	规格	数量	重量计算式	总重量(kg)	总面积(m2)	底漆(m2)	中间漆(m2)	面漆(m2)	防火(m2)
1	GZ-1[17]	□200*150*4	1	21.478*7000*1	150.346	4.9	4.9	4.9	4.9	4.9

图 7-27 空腹钢柱电算工程量示意图

7.3.3 钢管柱

项目编码：010603003001　　　项目名称：钢管柱

【例 7-8】 工地上施工现用有一批钢管柱，已知钢管柱规格为 D600×10，长度为 8m，求其工程量。

解：

1. 钢管柱现场示意图

钢管柱现场示意图如图 7-28 所示。

图 7-28　钢管柱现场示意图

2. 钢管柱三维立体效果图

钢管柱三维立体效果图如图 7-29 所示。

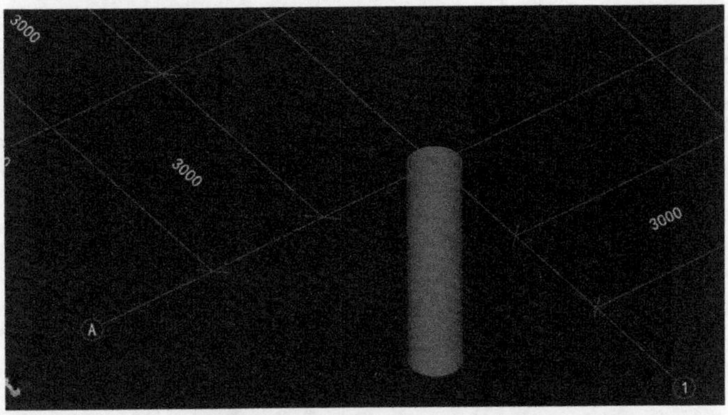

图 7-29　钢管柱三维立体效果图

3. 钢管柱平面图

钢管柱平面图如图 7-30 所示。

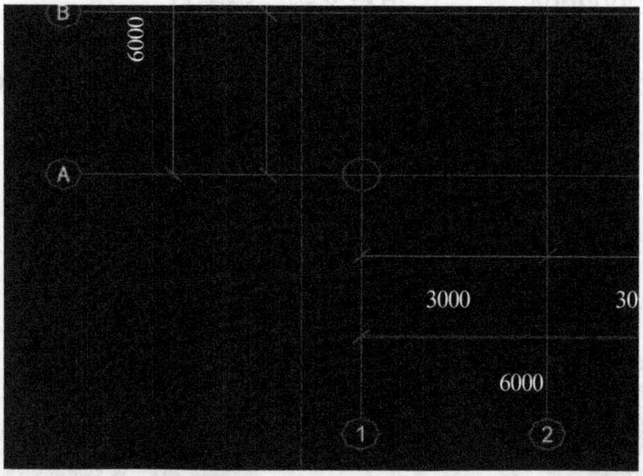

图 7-30 钢管柱平面图

4. 手工清单算量

1) 清单工程量计算规则

按设计图示尺寸以质量计算。不扣除孔眼的质量，焊条、铆钉、螺栓等不另增加质量，钢管柱上的节点板、加强环、内衬管、牛腿等并入钢管柱工程量内。

2) 工程量计算

$$重量=长度\times单位重量$$
$$=8\times145.5\text{kg}=1164\text{kg}$$

5. 电算工程量

钢管柱电算示意图如图 7-31 所示。

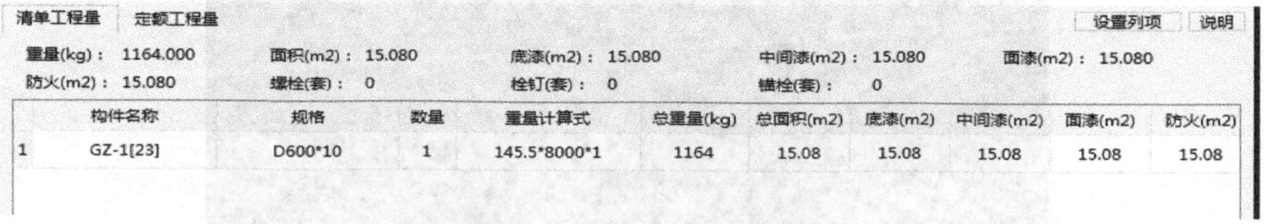

清单工程量 定额工程量 设置列项 说明

重量(kg)： 1164.000 面积(m2)： 15.080 底漆(m2)： 15.080 中间漆(m2)： 15.080 面漆(m2)： 15.080
防火(m2)： 15.080 螺栓(套)： 0 栓钉(套)： 0 锚栓(套)： 0

	构件名称	规格	数量	重量计算式	总重量(kg)	总面积(m2)	底漆(m2)	中间漆(m2)	面漆(m2)	防火(m2)
1	GZ-1[23]	D600*10	1	145.5*8000*1	1164	15.08	15.08	15.08	15.08	15.08

图 7-31 钢管柱电算示意图

7.4 “钢钢的”梁

7.4.1 钢梁

项目编码：010604001001　　　　项目名称：钢梁

【例 7-9】 已知一钢梁为 HW350×350×12×19，长度为 6m，求其工程量。

解：

1. 钢梁现场示意图

钢梁现场示意图如图 7-32 所示。

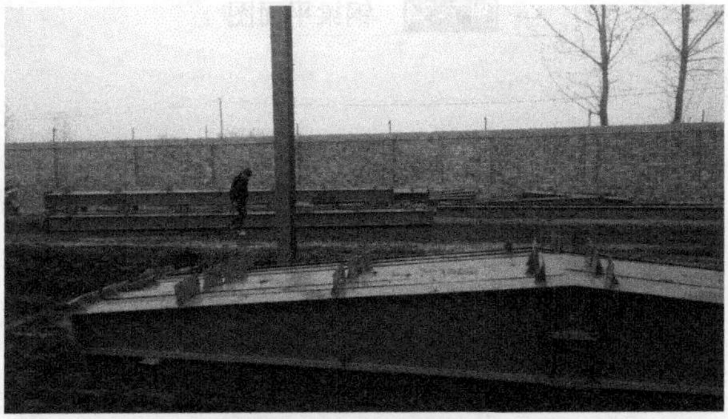

图 7-32 钢梁现场示意图

2. 钢梁三维立体效果图

钢梁三维立体效果图如图 7-33 所示。

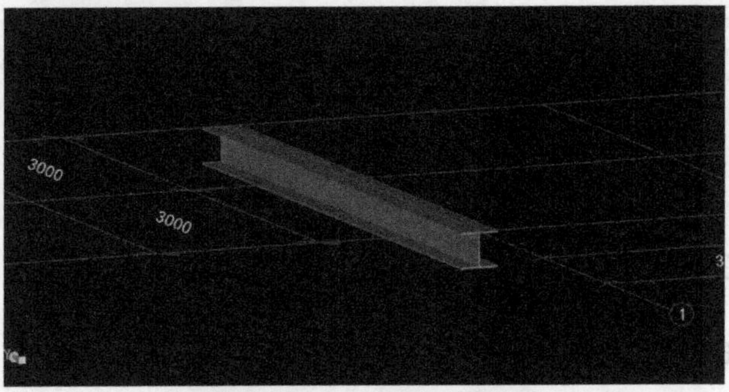

图 7-33 钢梁三维立体效果图

3. 钢梁平面图

钢梁平面图如图 7-34 所示。

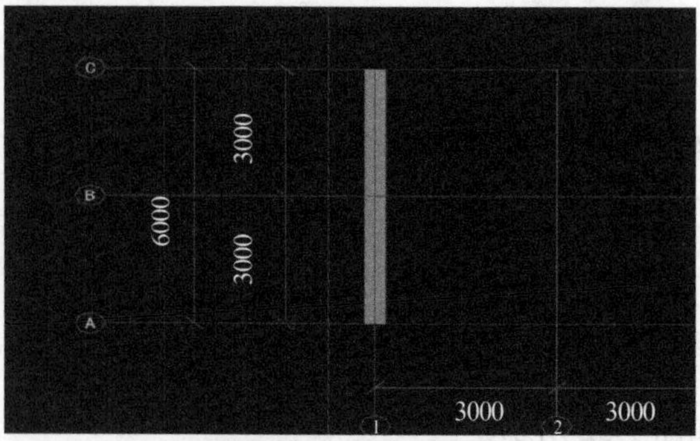

图 7-34 钢梁平面图

4. 手工清单算量

1) 工程量计算规则

按设计图示尺寸以质量计算。不扣除孔眼的质量，焊条、铆钉、螺栓等不另增加质量。

2) 工程量计算

重量=长度×单位重量

=6×135kg=810kg

5. 电算工程量

钢梁电算工程量示意图如图 7-35 所示。

清单工程量　定额工程量　　设置列项　说明

重量(kg)： 810.000　面积(m2)： 12.324　底漆(m2)： 12.324　中间漆(m2)： 12.324　面漆(m2)： 12.324

防火(m2)： 12.324　螺栓(套)： 0　栓钉(套)： 0　锚栓(套)： 0

	构件名称	规格	数量	重量计算式	总重量(kg)	总面积(m2)	底漆(m2)	中间漆(m2)	面漆(m2)	防火(m2)
1	GL-1[30]	HW350*350*12*19	1	135*6000*1	810	12.324	12.324	12.324	12.324	12.324

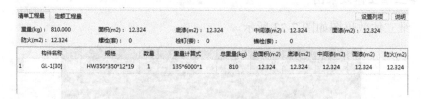

图 7-35 钢梁电算工程量示意图

7.4.2 钢吊车梁

项目编码：010604002001　　项目名称：钢吊车梁

【例 7-10】 钢吊车梁，一根长度为 8m，单位重量为 130kg，求其工程量。

解：

1. 钢吊车梁现场示意图

钢吊车梁现场示意图如图 7-36 所示。

图 7-36 钢吊车梁现场示意图

2. 手工清单算量

1) 工程量计算规则

按设计图示尺寸以质量计算。不扣除孔眼的质量，焊条、铆钉、螺栓等不另增加质量。

2) 工程量计算

重量=长度×单位重量

2×8×130kg=2080kg

7.5 钢工程下的小玩意儿

7.5.1 钢板楼板

项目编码：010605001001　　项目名称：钢板楼板

【例 7-11】已知一楼层板为楼承板，长度为6m，宽度为6m；其板为Q235B，YX51-253-760型楼承板，求其工程量。

解：

1. 钢板楼板现场示意图

钢板楼板现场示意图如图 7-37 所示。

图 7-37 钢板楼板现场示意图

2. 钢板楼板三维立体效果图

钢板楼板三维立体效果图如图 7-38 所示。

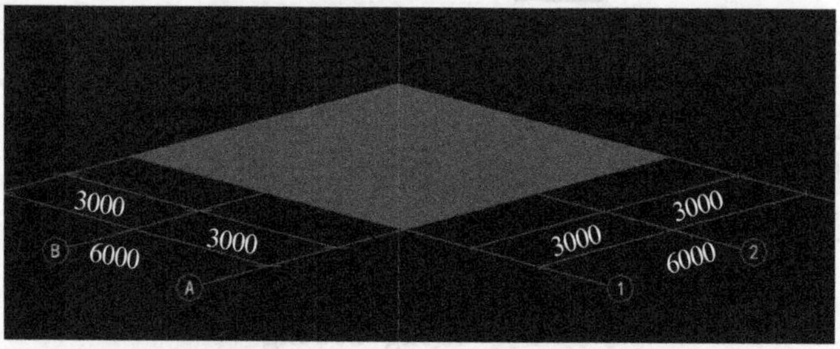

图 7-38 钢板楼板三维立体效果图

3. 钢板楼板平面图

钢板楼板平面图如图 7-39 所示。

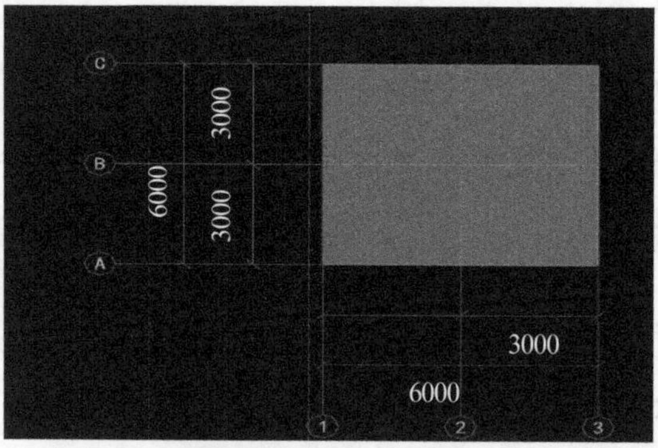

图 7-39 钢板楼板平面图

4. 手工清单算量

1) 清单工程量计算规则

按设计图示尺寸以铺设水平投影面积计算。不扣除单个面积≤$0.3m^2$的柱、垛及孔洞所占面积。

2) 工程量计算

$$面积=长度×宽度$$
$$工程量=6×6m^2=36m^2$$

5. 电算工程量

钢板楼板电算工程量示意图如图 7-40 所示。

清单工程量 定额工程量 设置列项 说明

重量(kg)：0.000 面积(m2)：36.000 底漆(m2)：36.000 中间漆(m2)：36.000 面漆(m2)：36.000
防火(m2)：36.000 螺栓(套)：0 栓钉(套)：0 螺栓(套)：0

	构件名称	规格	数量	重量计算式	总重量(kg)	总面积(m2)	底漆(m2)	中间漆(m2)	面漆(m2)	防火(m2)
1	LCB-1[35]	1	1		0	36	36	36	36	36

图 7-40 钢板楼板电算工程量示意图

7.5.2 钢板墙板

项目编码： 010605002001 项目名称：钢板墙板

【例 7-12】 已知一厂房墙面采用彩钢板 HH-YXB850，长度为 6m，高度为 6m，求其工程量。

解：

1. 钢板墙板现场示意图

钢板墙板(彩钢板)现场示意图如图 7-41 所示。

图 7-41 钢板墙板(彩钢板)现场示意图

2. 钢板墙板三维立体效果图

钢板墙板三维立体效果图如图 7-42 所示。

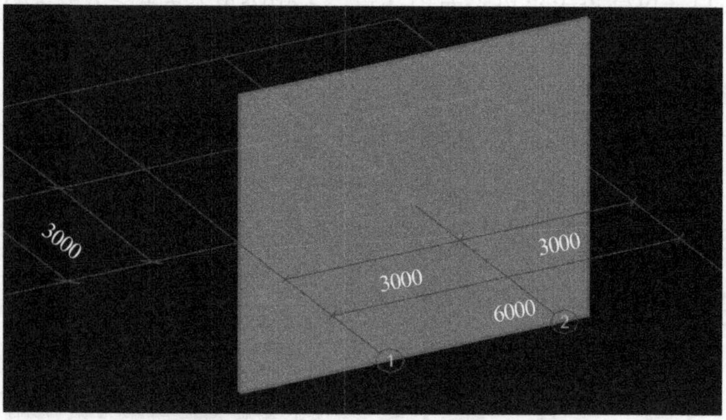

图 7-42　钢板墙板三维立体效果图

3. 钢板墙板平面图

钢板墙板平面图如图 7-43 所示。

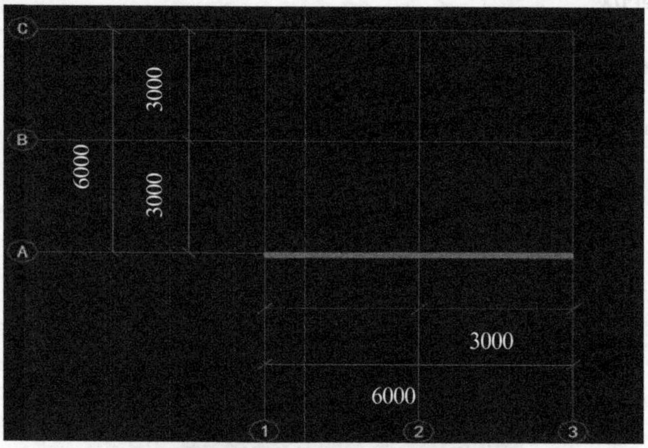

图 7-43　钢板墙板平面图

4. 手工清单算量

1)　清单工程量计算规则

按设计图示尺寸以铺挂展开面积计算。不扣除单个面积≤$0.3m^2$的梁、孔洞所占面积，包角、包边、窗台泛水等不另增加面积。

2) 工程量计算

$$面积工程量=长度\times高度$$
$$=6\times6m^2=36m^2$$

5. 电算工程量

钢板墙板电算工程量图如图 7-44 所示。

清单工程量 定额工程量 设置列项 说明

重量(kg)：0.000 面积(m2)：36.000 底漆(m2)：0.000 中间漆(m2)：0.000 面漆(m2)：0.000

防火(m2)：0.000 螺栓(套)：0 栓钉(套)：0 锚栓(套)：0

	构件名称	规格	数量	重量计算式	总重量(kg)	总面积(m2)	底漆(m2)	中间漆(m2)	面漆(m2)	防火(m2)
1	QMB-1[45]	110	1		0	36	0	0	0	0

图 7-44 钢板墙板电算工程量示意图

7.6 钢 构 件

7.6.1 钢支撑、钢拉条

项目编码：010606001001 项目名称：钢支撑、钢拉条

【例 7-13】已知在一个长度为 3m、宽度为 1.5m 的空间内布置钢支撑，其形式为花篮 D28+M18，规格为 HD18×3，Q235B，求其工程量。

解：

1. 钢支撑、钢拉条现场示意图

钢支撑、钢拉条现场示意图如图 7-45 所示。

图 7-45 钢支撑、钢拉条现场示意图

2. 钢支撑、钢拉条三维立体效果图

钢支撑、钢拉条三维立体效果图如图 7-46 所示。

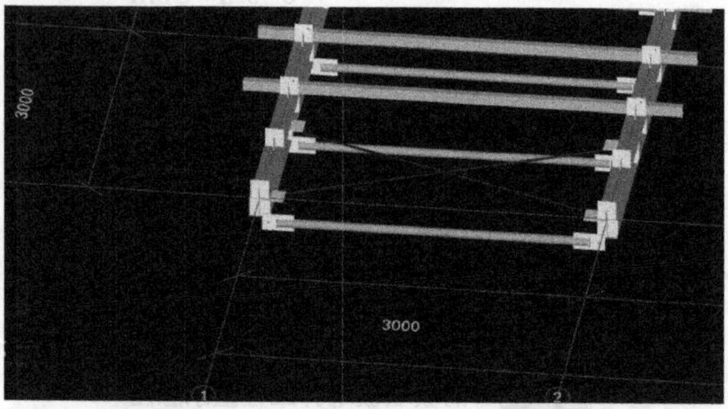

图 7-46 钢支撑、钢拉条三维立体效果图

3. 钢支撑、钢拉条平面图

钢支撑、钢拉条平面图如图 7-47 所示。

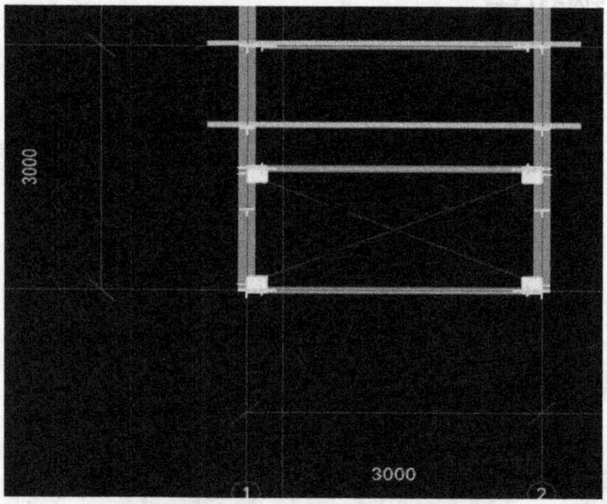

图 7-47 钢支撑、钢拉条平面图

4. 手工清单算量

1) 清单工程量计算规则

按设计图示尺寸以质量计算，不扣除孔眼的质量，焊条、铆钉、螺栓不另增加质量。

2) 工程量计算

重量=长度×单位重量

=3.35×4.83×2kg=32.36kg

5. 电算工程量

钢支撑、钢拉条电算工程量图如图 7-48 所示。

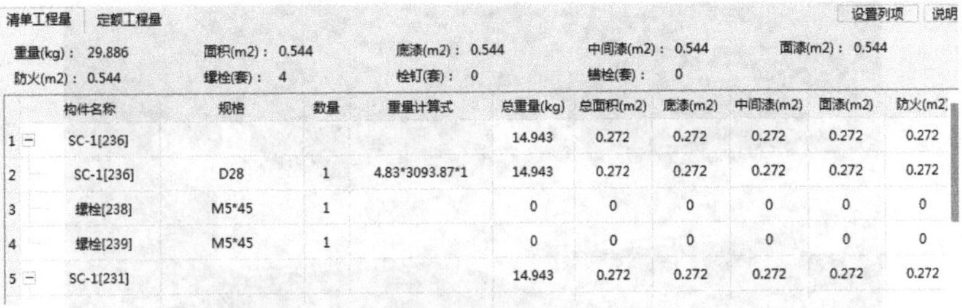
清单工程量　定额工程量　设置列项　说明

重量(kg)： 29.886　面积(m2)： 0.544　底漆(m2)： 0.544　中间漆(m2)： 0.544　面漆(m2)： 0.544

防火(m2)： 0.544　螺栓(套)： 4　栓钉(套)： 0　锚栓(套)： 0

	构件名称	规格	数量	重量计算式	总重量(kg)	总面积(m2)	底漆(m2)	中间漆(m2)	面漆(m2)	防火(m2)
1 ⊟	SC-1[236]				14.943	0.272	0.272	0.272	0.272	0.272
2	SC-1[236]	D28	1	4.83*3093.87*1	14.943	0.272	0.272	0.272	0.272	0.272
3	螺栓[238]	M5*45	1		0	0	0	0	0	0
4	螺栓[239]	M5*45	1		0	0	0	0	0	0
5 ⊟	SC-1[231]				14.943	0.272	0.272	0.272	0.272	0.272

图 7-48　钢支撑、钢拉条电算工程量示意图

7.6.2 钢檩条

项目编码：010606002001　　项目名称：钢檩条

【例 7-14】已知一厂房屋面采用 Q235B，C120×70×20×2 的钢檩条铺设屋面，其中一根长度为 3.8m，求这根钢檩条的重量。

解：

1. 钢檩条现场示意图

钢檩条现场示意图如图 7-49 所示。

图 7-49　钢檩条现场示意图

2. 钢檩条三维立体效果图

钢檩条三维立体效果图如图 7-50 所示。

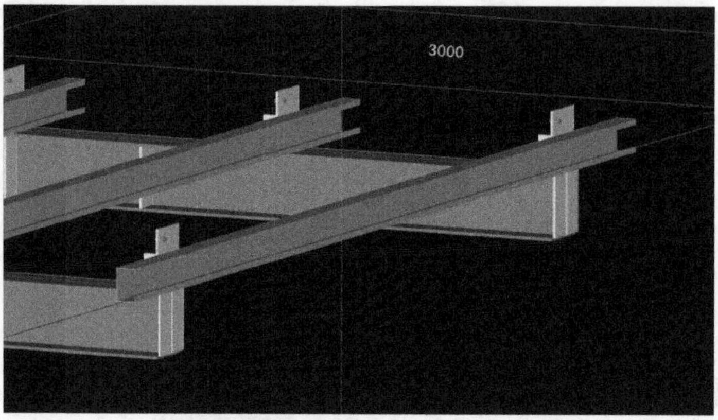

图 7-50 钢檩条三维立体效果图

3. 钢檩条平面图

钢檩条平面图如图 7-51 所示。

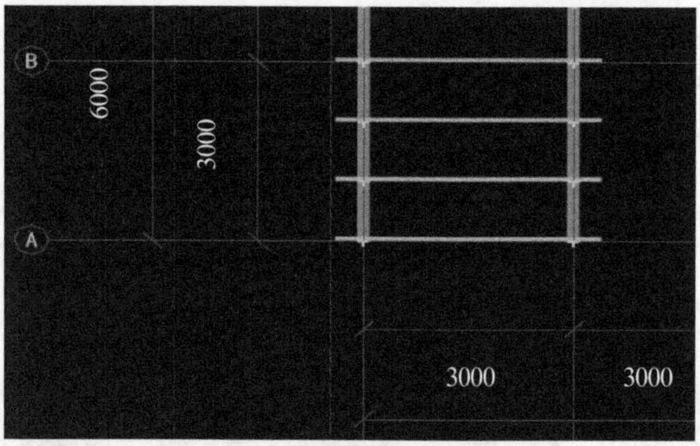

图 7-51 钢檩条平面图

4. 手工清单算量

1) 清单工程量计算规则

按设计图示尺寸以质量计算，不扣除孔眼的质量，焊条、铆钉、螺栓不另增加质量。

2) 工程量计算

$$\begin{aligned}\text{重量}&=\text{长度}\times\text{单位重量}\\&=3.8\times4.464\text{kg}=16.963\text{kg}\end{aligned}$$

5. 电算工程量

钢檩条电算工程量示意图如图 7-52 所示。

清单工程量　定额工程量　　设置列项　说明

重量(kg)：16.963　面积(m2)：2.162　底漆(m2)：2.162　中间漆(m2)：2.162　面漆(m2)：2.162
防火(m2)：2.162　螺栓(套)：2　栓钉(套)：0　锚栓(套)：0

	构件名称	规格	数量	重量计算式	总重量(kg)	总面积(m2)	底漆(m2)	中间漆(m2)	面漆(m2)	防火(m2)
1	LT-1[76]				16.963	2.162	2.162	2.162	2.162	2.162
2	LT-1[76]	C120*70*20*2	1	4.464*3800*1	16.963	2.162	2.162	2.162	2.162	2.162
3	螺栓[78]	M16*35	1		0	0	0	0	0	0
4	螺栓[77]	M16*35	1		0	0	0	0	0	0

图 7-52　钢檩条电算工程量示意图

7.6.3 钢天窗架

项目编码：010606003001　　项目名称：钢天窗架

【例 7-15】 已知一厂房钢天窗架为矩形天窗，其长度为 300mm，宽度为 400mm，高度为 300mm，其立杆采用∠40×3，横杆采用∠40×5，钢材为 Q235B，求其工程量。

解：

1. 钢天窗架现场示意图

钢天窗架现场示意图如图 7-53 所示。

图 7-53　钢天窗架现场示意图

2. 钢天窗架三维立体效果图

钢天窗架三维立体效果图如图 7-54 所示。

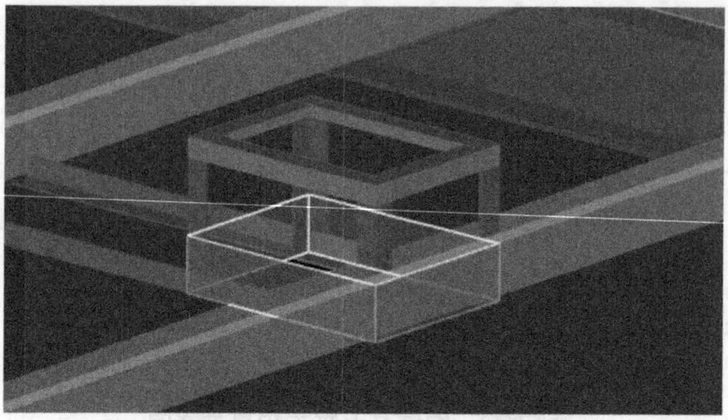

图 7-54 钢天窗架三维立体效果图

3. 钢天窗架平面图

钢天窗架平面图如图 7-55 所示。

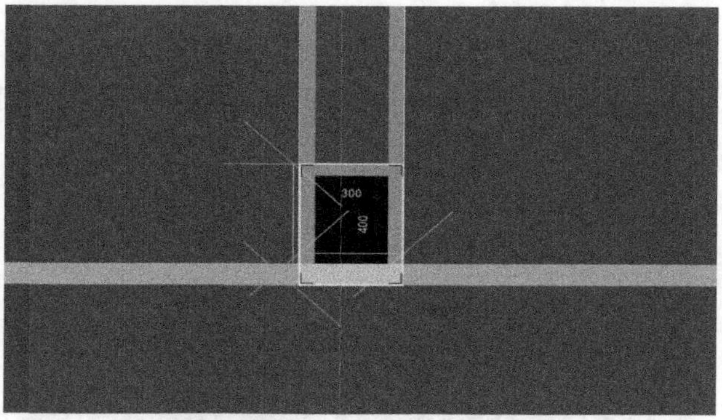

图 7-55 钢天窗架平面图

4. 手工清单算量

1) 清单工程量计算规则

按设计图示尺寸以质量计算，不扣除孔眼的质量，焊条、铆钉、螺栓不另增加质量。

2) 工程量计算

重量=长度×单位重量

立杆=0.3×2.976×4kg=3.5712kg

横杆=(0.4×2.976×2+0.3×2.976×2)kg=4.1664kg

共计：2.2224+4.166.4=6.3888kg

5. 电算工程量

钢天窗架电算工程量图如图 7-56 所示。

重量(kg)： 6.986　面积(m2)： 0.356　底漆(m2)： 0.356　中间漆(m2)： 0.356　面漆(m2)： 0.356
防火(m2)： 0.356　螺栓(套)： 0　栓钉(套)： 0　锚栓(套)： 0

	构件名称	规格	数量	重量计算式	总重量(kg)	总面积(m2)	底漆(m2)	中间漆(m2)	面漆(m2)	防火(m2)
1	ZDY-1[494]				6.986	0.356	0.356	0.356	0.356	0.356
2	GZ-1[495]	L40*5	1	2.976*300*1	0.893	0.047	0.047	0.047	0.047	0.047
3	GZ-1[496]	L40*5	1	2.976*300*1	0.893	0.047	0.047	0.047	0.047	0.047
4	GZ-1[497]	L40*5	1	2.976*300*1	0.893	0.047	0.047	0.047	0.047	0.047
5	GZ-1[498]	L40*5	1	2.976*300*1	0.893	0.047	0.047	0.047	0.047	0.047

图 7-56　钢天窗架电算工程量示意图

7.6.4 钢漏斗

项目编码：010606010001　　项目名称：钢漏斗

【例 7-16】 已知一钢漏斗材料为 Q235B，材质厚 2mm，如图 7-57 所示，求其工程量。

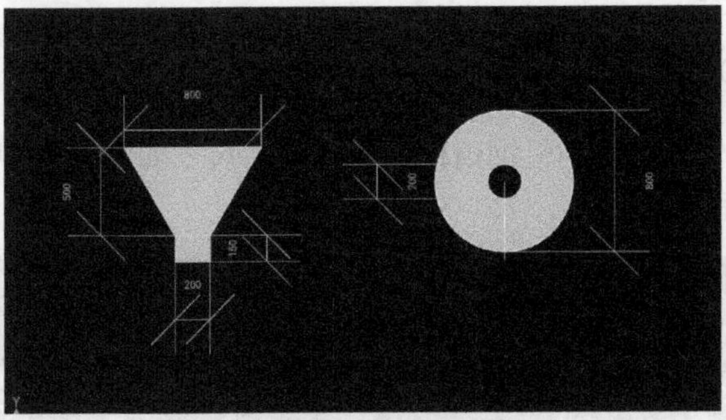

图 7-57　钢漏斗图

解：

1. 钢漏斗现场示意图

钢漏斗现场示意图如图 7-58 所示。

2. 手工清单算量

1)　清单工程量计算规则

按设计图示尺寸以质量计算，不扣除孔眼的质量，焊条、铆钉、螺栓等不另增加质量。

依附漏斗或天沟的型钢并入漏斗或天沟工程量内。

图 7-58　钢漏斗现场示意图

2)　工程量计算

$$重量=面积\times单位面积重量$$
$$=\pi\times0.8\times0.5\times15.7+\pi\times0.2\times0.15\times15.7\text{kg}=21.2\text{kg}$$

7.6.5　钢板天沟

项目编码：010606011001　　　　项目编码：钢板天沟

【例 7-17】已知一屋面用到轻钢雨棚钢板天沟，尺寸如图 7-59 所示，厚度为 3.5mm，长度为 7m，求其工程量。

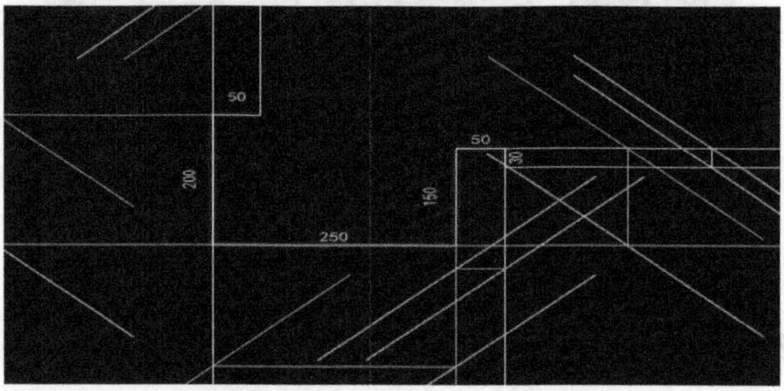

图 7-59　钢板天沟例题示意图

解：

1. 钢板天沟现场示意图

钢板天沟现场示意图如图 7-60 所示。

图7-60 钢板天沟现场示意图

2. 手工清单算量

1) 清单工程量计算规则

按设计图示尺寸以质量计算，不扣除孔眼的质量，焊条、铆钉、螺栓等不另增加质量。

2) 工程量计算

重量=面积×单位面积重量

=(0.05+0.2+0.25+0.15+0.05+0.03)×7×2.748kg=14.042kg

7.6.6 钢支架

项目编码：010606012001 项目名称：钢支架

【例7-18】 已知一厂房钢支架如图7-61所示，横杆采用L14a，斜杆采用[70×7，求其工程量。

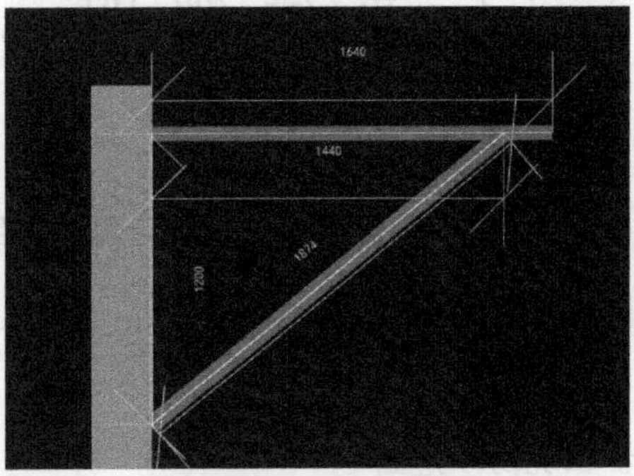

图7-61 钢支架例图

解：

1. 钢支架现场示意图

钢支架现场示意图如图 7-62 所示。

图 7-62 钢支架现场示意图

2. 手工清单算量

1) 清单工程量计算规则

按设计图示尺寸以质量计算，不扣除孔眼的质量，焊条、铆钉、螺栓等不另增加质量。

2) 工程量计算

重量=长度×单位重量

横杆 L14a 14.535×1.64kg=23.84kg

斜杆 L70×7 7.398×1.874kg=13.86kg

共计：23.84+13.96=47.7kg

7.7 金属制品

7.7.1 空调的金属盔甲

项目编码：010607001001 项目名称：成品空调金属百叶护栏

【例 7-19】已知一百叶护栏长度为 1m，宽度为 0.8m，求其工程量。

解：

1. 成品空调金属百叶护栏现场示意图

成品空调金属百叶护栏现场示意图如图 7-63 所示。

图 7-63 成品空调金属百叶现场示意图

2. 手工清单算量

1) 清单工程量计算规则

按设计图示尺寸以框外围展开面积计算。

2) 工程量计算

$$面积=长\times宽$$
$$=1\times0.8m^2=0.8m^2$$

7.7.2 成品栅栏

项目编码：010607002 项目名称：成品栅栏

【例 7-20】已知一成品栅栏长度为 3m，宽度为 1.2m，求其工程量。

解：

1. 成品栅栏现场示意图

成品栅栏现场示意图如图 7-64 所示。

图 7-64 成品栅栏现场示意图

2. 手工清单算量

1) 清单工程量计算规则

按设计图示尺寸以框外围展开面积计算。

2) 工程量计算

$$面积=长\times宽=3\times1.2m^2=3.6m^2$$

第 7 章 金属结构工程.pptx

第8章 传统工艺木结构

8.1 木 屋 架

8.1.1 木屋架

项目编码：010701001　　　项目名称：木屋架

【例 8-1】 某建筑，某方形木屋架，跨度为 21m，共 5 榀，其中上弦长为 8.5m，截面宽为 0.15m，截面长度为 0.3m，下弦长为 21m，截面宽为 0.8m，截面长度为 0.15m，斜撑长为 1.2m，截面宽为 0.1m，截面长度为 0.2m，试求其工程量。

解：

木屋架的定义及计算规则.mp3

1. 木屋架现场示意图

木屋架现场示意图如图 8-1 所示。

图 8-1　木屋架现场示意图

2. 木屋架平面示意图

木屋架平面示意图如图 8-2 所示。

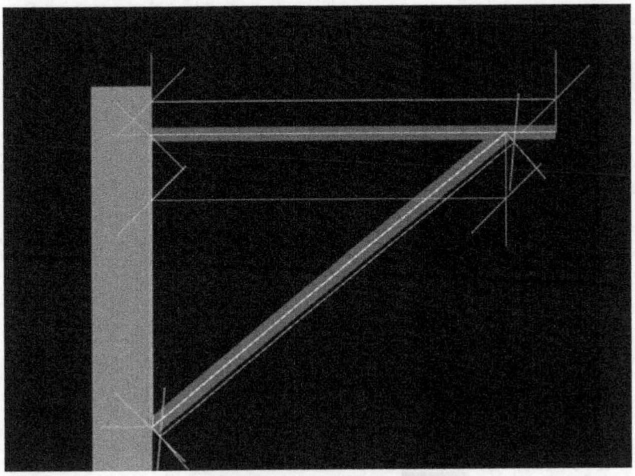

图 8-2 木屋架示意图

3. 手工清单算量

1) 工程量计算规则

(1) 以榀计量，按设计图示数量计算。

(2) 以立方米计量，按设计图示的规格尺寸以体积计算。

2) 工程量计算

木屋架工程量=$[(8.5\times0.15\times0.3+21\times0.15\times0.8+1.2\times0.1\times0.2)\times5]m^3=14.6325m^3$

8.1.2 钢与木的结合

项目编码：010701002　　　　项目名称：钢木屋架

【例 8-2】 某建筑屋架采用钢屋架结构，跨度 15m，共 6 榀，上弦长为 9m，上弦截面宽为 0.16m，截面长度为 0.5m，下弦长为 15m，截面宽度为 0.6m，截面宽为 0.15m，斜撑长为 1.3m，截面宽为 0.2m，截面长度为 0.3m，试求其工程量。

解：

1. 钢木屋架现场示意图

钢木屋架现场示意图如图 8-3 所示。

2. 钢屋架平面示意图

钢屋架平面示意图如图 8-4 所示。

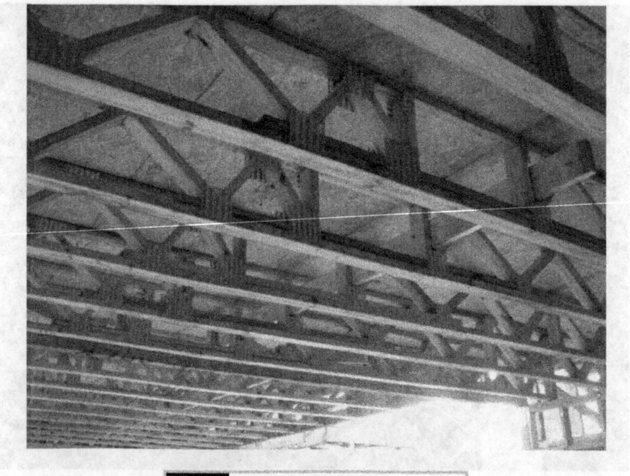

图 8-3　钢木屋架现场示意图

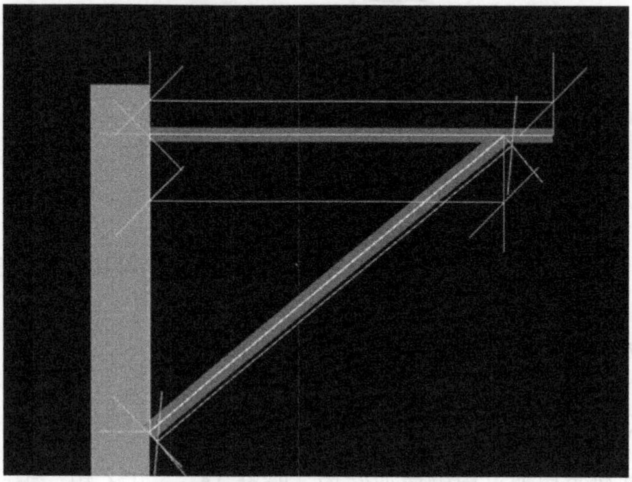

图 8-4　钢屋架平面示意图

3. 手工清单算量

1)　工程量计算规则

(1)　以榀计量，按设计图数量计算。

(2)　以立方米计算，按设计图示的规格尺寸以体积计算。

2)　工程量计算

钢木屋架工程量=[(9×0.16×0.5+15×0.6×0.15+1.3×0.2×0.3)×6]m^3 =12.888m^3

8.2 木　构　件

8.2.1 木柱

项目编码：010702001　　　　项目名称：木柱

【例 8-3】某建筑，木柱长度为 600mm，宽度为 500mm，高度为 3m，试求其工程量。

解：

木构建现场施工.mp4

1. 木柱现场示意图

木柱现场示意图如图 8-5 所示。

2. 木柱三维立体效果图

木柱三维立体效果图如图 8-6 所示。

图 8-5　木柱现场示意图

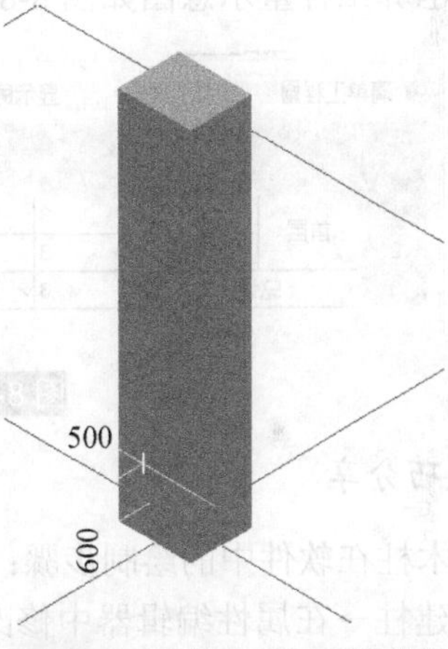

图 8-6　木柱三维立体效果图

3. 木柱平面图

木柱平面图如图 8-7 所示。

4. 手工清单算量

1)　工程量计算规则

木柱：按设计图示尺寸以体积计算。

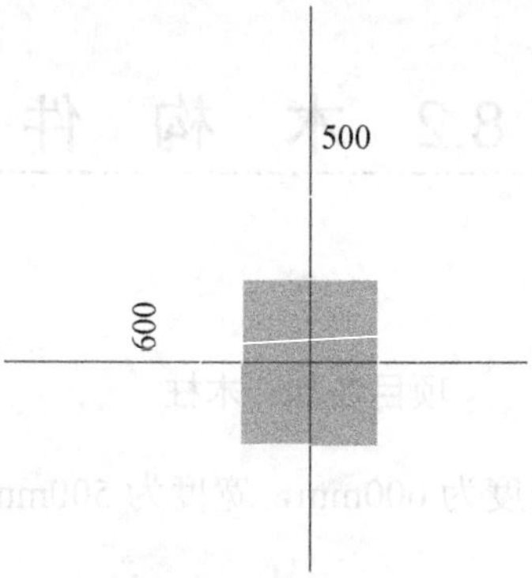

图 8-7　木柱平面图

2)　工程量计算

木柱工程量=0.5×0.6×3m³ =0.9m³

5. 电算工程量

木柱电算工程量示意图如图 8-8 所示。

◉ 清单工程量 ○ 定额工程量 ☑ 显示房间、组合构件量 过滤构件类型：柱 ☑ 只显示标准层

	分类条件		工程量名称					
	楼层	名称	高度(m)	截面面积(m2)	柱周长(m)	柱体积(m3)	柱模板面积(m2)	柱数量(根)
1	首层	木柱	3	0.3	2.2	0.9	6.6	1
2		小计	3	0.3	2.2	0.9	6.6	1
3	总计		3	0.3	2.2	0.9	6.6	1

图 8-8　木柱电算工程量示意图

6. 技巧分享

(1)　木柱在软件中的绘制步骤：在绘图输入界面中找到并单击→在构件列表中单击“新建”→新建柱→在属性编辑器中修改木柱的属性→在构件列表中木柱上右击复制相同的木柱→单击绘图按钮绘入木柱构件。

(2)　木柱工程量计算的时候首先要考虑尺寸，同时结合工程量计算规则进行算量。

8.2.2 木梁

项目编码：010702002　　　项目名称：木梁

【例 8-4】 某建筑，木梁长度为 10.5m，截面高度为 500mm，截面宽度为 300mm，试求其工程量。

解：

1. 木梁现场示意图

木梁现场示意图如图 8-9 所示。

图 8-9 木梁现场示意图

2. 木梁三维立体效果图

木梁三维立体效果图如图 8-10 所示。

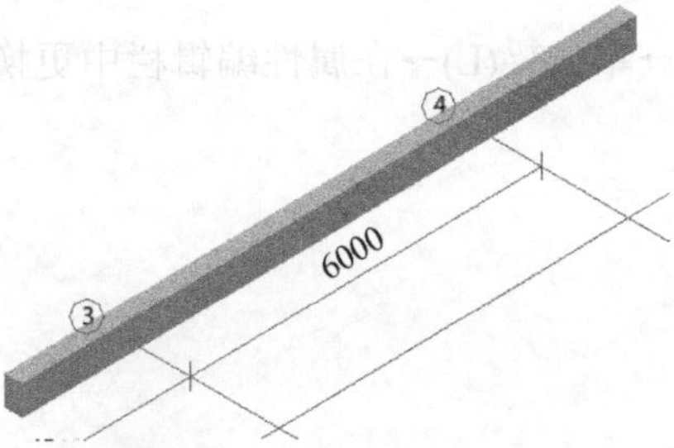

图 8-10 木梁三维立体效果图

3. 木梁平面图

木梁平面图如图 8-11 所示。

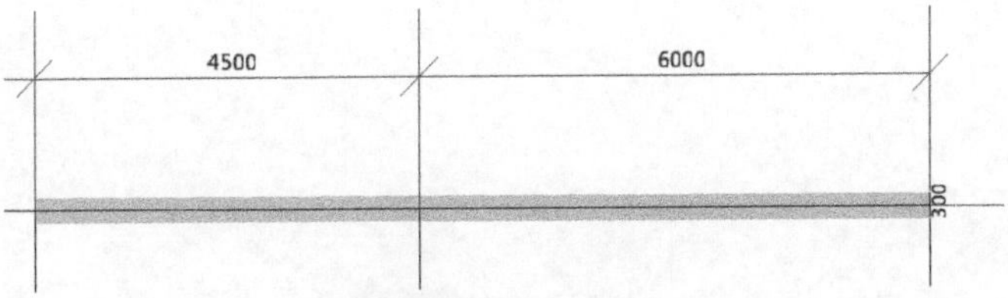

图 8-11 木梁平面图

4. 手工清单算量

1) 工程量计算规则

木梁：按设计图示尺寸以体积计算。

2)　工程量计算

$$木梁工程量=0.5\times0.3\times10.5m^3=1.575m^3$$

5. 电算工程量

木梁电算工程量示意图如图 8-12 所示。

构件工程量　做法工程量

◉ 清单工程量 ○ 定额工程量 ☑ 显示房间、组合构件量 过滤构件类型：梁 ☑ 只显示标准层单层量

	分类条件		工程量名称						
	楼层	名称	梁体积(m3)	梁模板面积(m2)	梁脚手架面积(m2)	梁截面周长(m)	梁净长(m)	梁轴线长度(m)	砖胎膜体积(m3)
1	首层	KL-1	1.575	8.7621	26.25	1.6	10.5	10.5	0
2		小计	1.575	8.7621	26.25	1.6	10.5	10.5	0
3	总计		1.575	8.7621	26.25	1.6	10.5	10.5	0

图 8-12　木梁电算工程量示意图

6. 技巧分享

绘制梁的步骤：双击梁→单击梁(L)→在属性编辑栏中更换截面宽度和截面高度→单击绘制按钮→绘制梁。

第 8 章 木结构工程.pptx

第9章 门窗工程生命的通道

9.1 木　门

9.1.1 就是木门

项目编码：010801001　　　　项目名称：木质门

【**例 9-1**】已知某多层楼室内门为木门，木门尺寸为 1m×2.1m，门数量为 12 樘，如图 9-1～图 9-3 所示，试求木门工程量。

解：

1. 木门现场示意图

木门现场示意图如图 9-1 所示。

木门计算规则.mp3

门窗工程.mp4

图 9-1　木门现场示意图

2. 木门三维立体效果图

木门三维立体效果图如图 9-2 所示。

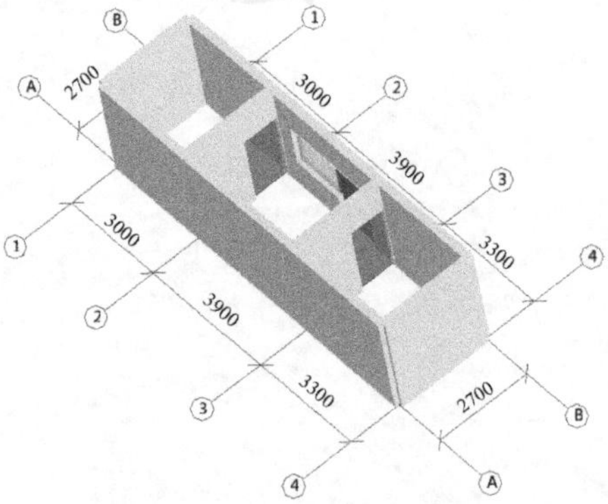

图 9-2　木门三维立体效果图

3. 木门平面图

木门平面图如图 9-3 所示。

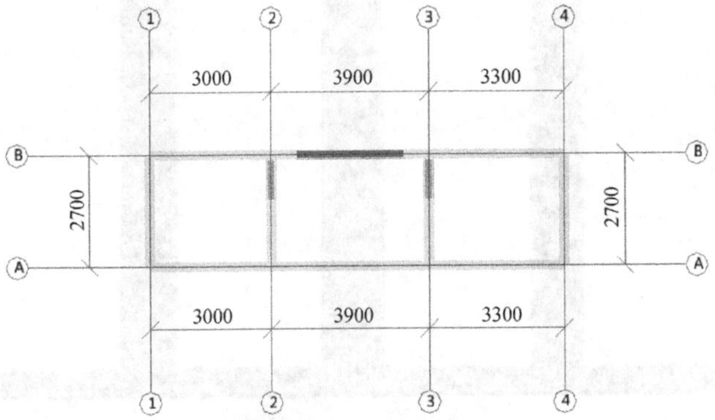

图 9-3　木门平面图

4. 手工清单算量

1)　工程量计算规则

(1)　以樘计量，按设计图示数量计算。

(2)　以平方米计量，按设计图示洞口尺寸以面积计算。

2)　工程量计算

(1)　按设计图示数量计算。

木门数量=12 樘

(2)　按设计图示洞口尺寸以面积计算。

$$S_{\text{木门}}=1\times2.1\times12\text{m}^2=25.2\text{m}^2$$

9.1.2 门框是木的

项目编码：010801005　　项目名称：木门框

【**例 9-2**】已知某多层楼室内门为木门，木门尺寸为 1m×2.1m，门数量为 6 樘，试求木门框工程量。

解：

1. 木门框现场示意图

木门框现场示意图如图 9-4 所示。

图 9-4　木门框现场示意图

2. 手工清单算量

1)　工程量计算规则

(1)　以樘计量，按设计图示数量计算。

(2)　以米计量，按设计图示框的中心线以延长米计算。

2)　工程量计算

(1)　按设计图示数量计算。

木门数量=6 樘

(2)　以米计量，按设计图示框的中心线以延长米计算。

$$L_{木门框}=(1+2.1)\times2\times6\text{m}=37.2\text{m}$$

9.1.3　门锁安装

项目编码：010801006　　　　项目名称：门锁安装

【例 9-3】已知某多层楼室内门为木门，木门尺寸为 1m×2.1m，门数量为 6 樘，每扇门均装防盗锁，试求门锁工程量。

解：

1. 门锁现场示意图

门锁现场示意图如图 9-5 所示。

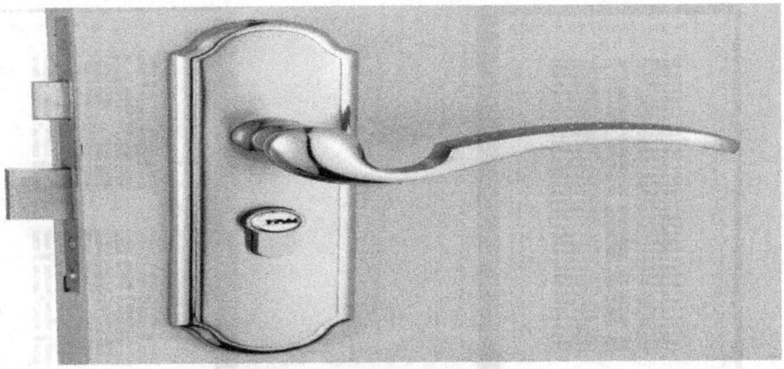

图 9-5 门锁现场示意图

2. 手工清单算量

1) 工程量计算规则

按设计图示数量计算。

2) 工程量计算

门锁数量=6 个

9.2 金 属 门

9.2.1 金属(塑钢)门

项目编码：010802001 项目名称：金属(塑钢)门

【例 9-4】 已知住宅楼室内门为金属，金属门尺寸为 1.2m×2.1m，门数量为 12 樘，试求金属门工程量。

解：

1. 金属门现场示意图

金属门现场示意图如图 9-6 所示。

2. 金属门三维立体效果图

金属门三维立体图如图 9-7 所示。

3. 金属门平面效果图

金属门平面图如图 9-8 所示。

金属门计算规则.mp3

图 9-6　金属门现场示意图

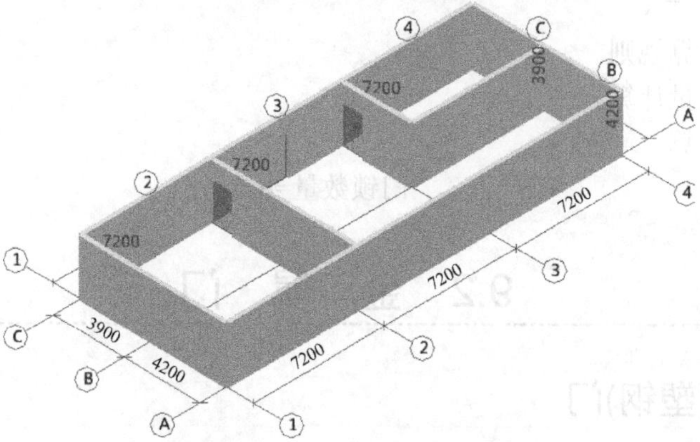

图 9-7　金属门三维立体效果图

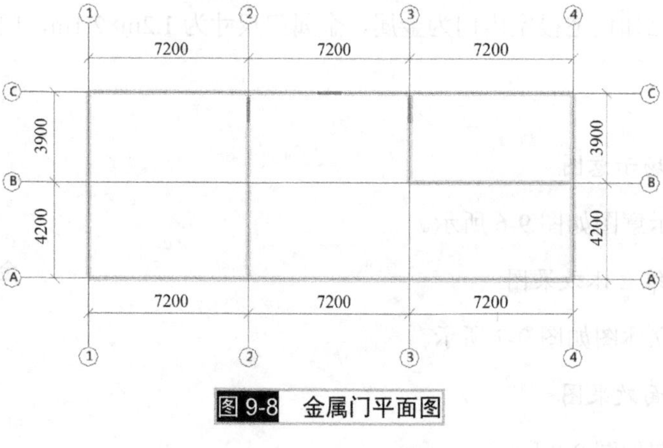

图 9-8　金属门平面图

4. 手工清单算量

1) 工程量计算规则

(1) 以樘计量，按设计图示数量计算。

(2) 以平方米计量，按设计图示洞口尺寸以面积计算。

2) 工程量计算

(1) 按设计图示数量计算。

木门数量=12 樘

(2) 按设计图示洞口尺寸以面积计算。

$$S_{金属门}=1.2\times2.1\times12\text{m}^2=30.24\text{m}^2$$

9.2.2 画彩妆的门

项目编码：010802002　　　项目名称：彩板门

【例 9-5】 已知商业楼室内门为彩板门，彩板门尺寸为 2m×2.1m，门数量为 5 樘，如图 9-9 所示，试求彩板门工程量。

解：

1. 彩板门现场示意图

彩板门现场示意图如图 9-9 所示。

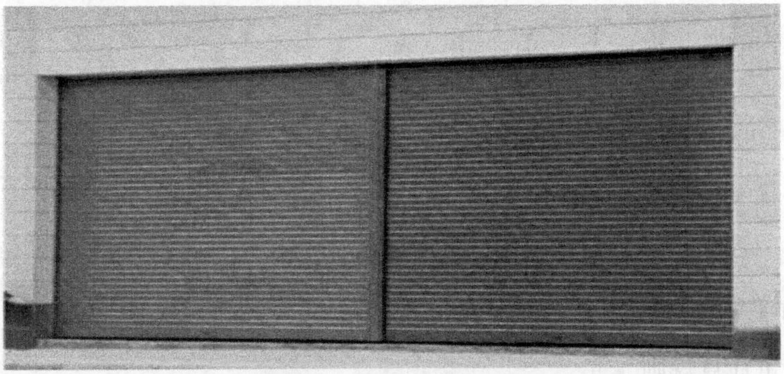

图 9-9 彩板门现场示意图

2. 彩板门三维立体效果图

彩板门三维立体效果图如图 9-10 所示。

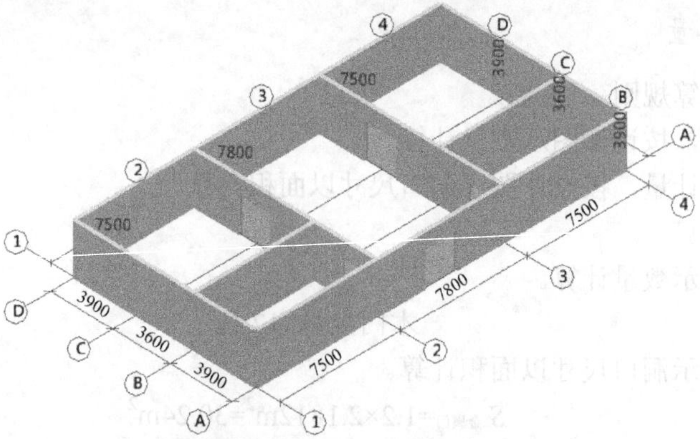

图 9-10　彩板门三维立体效果图

3. 彩板门平面图

彩板门平面图如图 9-11 所示。

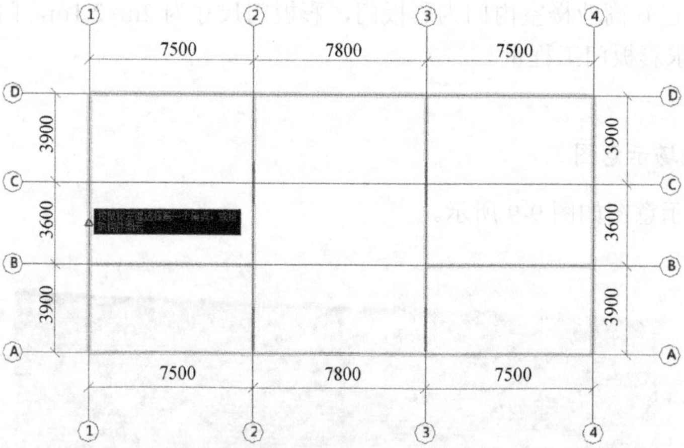

图 9-11　彩板门平面图

4. 手工清单算量

1)　工程量计算规则

(1)　以樘计量，按设计图示数量计算。

(2)　以平方米计量，按设计图示洞口尺寸以面积计算。

2)　工程量计算

(1)　按设计图示数量计算。

木门数量=5 樘

(2) 按设计图示洞口尺寸以面积计算。

$$S=2\times2.1\times5\text{m}^2=21\text{m}^2$$

9.3 金 属 窗

项目编码：010807001　　　项目名称：金属(塑钢、断桥)窗

【例 9-6】已知某 3 层建筑需要安装塑钢窗，每层数量相同，窗的尺寸为 1500mm×1800mm，请根据图示计算塑钢窗的工程量。

金属窗现场安装.mp4

解：

1. 塑钢窗现场示意图

塑钢窗现场示意图如图 9-12 所示。

图 9-12 塑钢窗现场示意图

2. 塑钢窗三维立体效果图

塑钢窗三维立体效果图如图 9-13 所示。

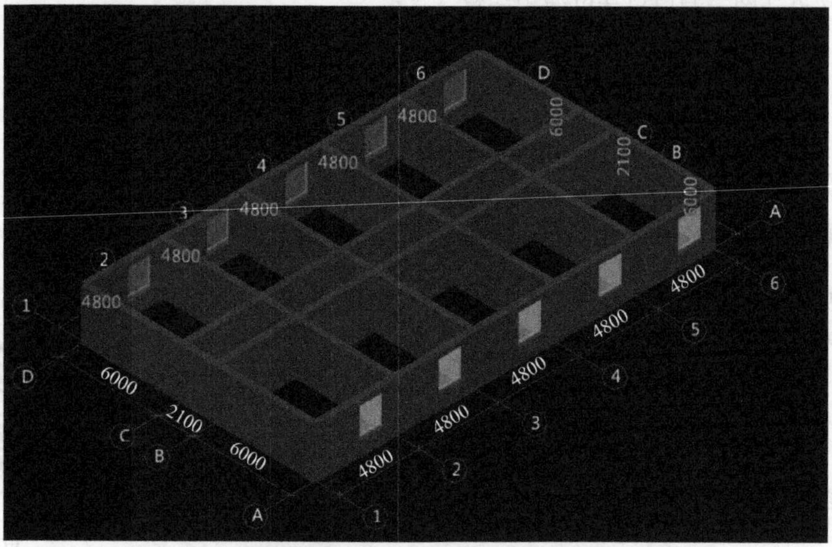

图 9-13　塑钢窗三维立体效果图

3. 塑钢窗平面图

塑钢窗平面图如图 9-14 所示。

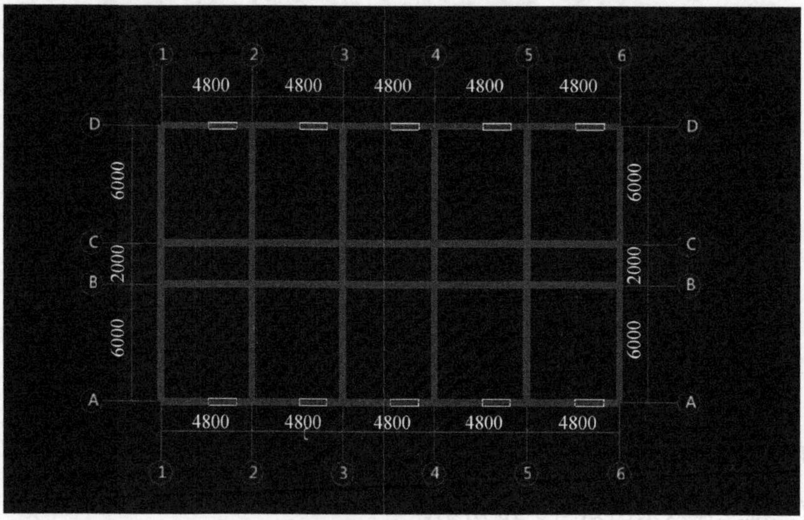

图 9-14　塑钢窗平面图

4. 手工清单算量

1)　工程量计算规则

(1)　以樘计量，按设计图示数量计算。

(2)　以平方米计量，按设计图示洞口尺寸以面积计算。

2)　工程量计算

(1)　按设计图示数量计算。

塑钢窗数量=10×3 樘=30 樘

(2)　按设计图示洞口尺寸以面积计算。

$$S_{\text{塑钢窗}}=1.5\times1.8\times10\times3\text{m}^2=81\text{m}^2$$

第 9 章　门窗工程.pptx

第10章 屋面和防水工程

10.1　屋面不止一种呀！

10.1.1　“有味的”瓦屋面

项目编码：010901001　　　　项目名称：瓦屋面

【例 10-1】某建筑，屋面板上铺水泥瓦屋面，屋面板长度为 6m，宽度为 6m，坡度为 30°，试求其瓦屋面工程量。

解：

瓦屋面型材屋面.mp3

1. 瓦屋面现场示意图

瓦屋面现场示意图如图 10-1 所示。

图 10-1　瓦屋面现场示意图

2. 瓦屋面三维立体效果图

瓦屋面三维立体效果图如图 10-2 所示。

图 10-2　瓦屋面三维立体效果图

3. 瓦屋面平面图

瓦屋面平面图如图 10-3 所示。

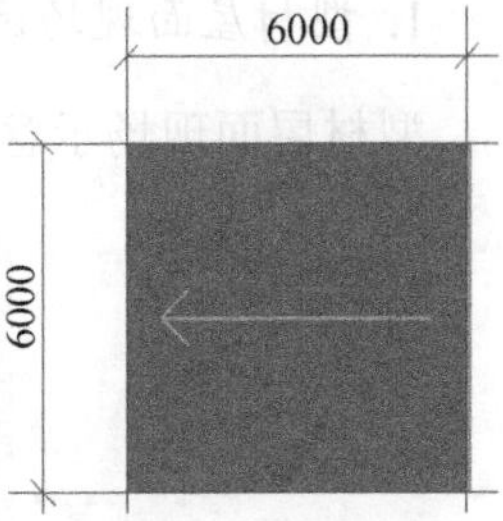

图 10-3 瓦屋面平面图

4. 手工清单算量

1) 工程量计算规则

瓦屋面：按设计图示尺寸以斜面积计算，不扣除房上烟筒、风帽底座、风道、小气窗、斜沟等所占面积。小气窗的出檐部分不增加面积。

2) 工程量计算

瓦屋面工程量=$6\times\sqrt{6^2+(6\times\tan 30^\circ)^2}\,\text{m}^2$=$41.5692\text{m}^2$

5. 电算工程量

瓦层面电算工程量示意图如图 10-4 所示。

◉ 清单工程量 ○ 定额工程量 ☑ 显示房间、组合构件量 过滤构件类型：现浇板 ☑ 只显示标准层单层量

	分类条件			工程量名称						
	楼层	名称	坡度	面积(m2)	体积(m3)	底面模板面积(m2)	侧面模板面积(m2)	数量(块)	超高模板面积(m2)	超高
1	首层	瓦屋面	30	41.5692	8.3138	41.5692	5.5426	1	87.5938	
2			小计	41.5692	8.3138	41.5692	5.5426	1	87.5938	
3		小计		41.5692	8.3138	41.5692	5.5426	1	87.5938	
4	总计			41.5692	8.3138	41.5692	5.5426	1	87.5938	

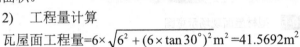

图 10-4 瓦层面电算工程量示意图

6. 技巧分享

(1) 瓦屋面在软件中的绘制步骤：在绘图输入界面中用版画出瓦屋面→在构件列表中单击“新建”→新建板→在属性编辑器中修改板的属性→在构件列表中瓦屋面上右击复制相同的瓦屋面→单击绘图按钮绘入瓦屋面构件。

(2) 瓦屋面工程量计算的时候首先要考虑尺寸，同时结合工程量计算规则进行算量。

10.1.2 新兴的型材屋面

项目编码：010901002 项目名称：型材屋面

【例 10-2】某建筑，屋面板上铺金属型材屋面，屋面板长度为 6m，宽度为 9m，坡度为 30°，试求其金属型材屋面工程量。

解：

1. 型材屋面现场示意图

型材屋面现场示意图如图 10-5 所示。

图 10-5　型材屋面现场示意图

2. 型材屋面三维立体效果图

型材屋面三维立体效果图如图 10-6 所示。

3. 型材屋面平面图

型材屋面平面图如图 10-7 所示。

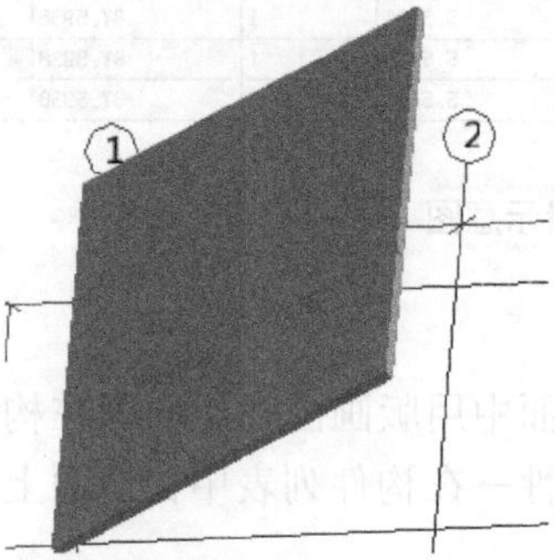

图 10-6　型材屋面三维立体效果图

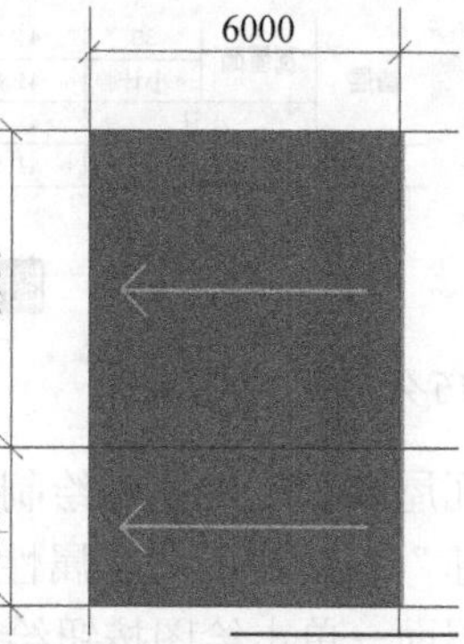

图 10-7　型材屋面平面图

4. 手工清单算量

1)　工程量计算规则

型材屋面：按设计图示尺寸以斜面积计算。

不扣除房上烟筒、风帽底座、风道、小气窗、斜沟等所占面积。小气窗的出檐部分不增加面积。

2)　工程量计算

型材屋面工程量$=9\times\sqrt{6^2+(6\times\tan 30^\circ)^2}\,\text{m}^2=62.3538\text{m}^2$

5. 电算工程量

型材屋面电算工程量示意图如图 10-8 所示。

◉ 清单工程量 ○ 定额工程量 ☑ 显示房间、组合构件量 过滤构件类型：现浇板 ☑ 只显示标准层单层量

	分类条件			工程量名称						
	楼层	名称	坡度	面积(m2)	体积(m3)	底面模板面积(m2)	侧面模板面积(m2)	数量(块)	超高模板面积(m2)	超高
1	首层	型材屋面	30	62.3538	12.4708	62.3538	6.9282	2	131.3907	
2			小计	62.3538	12.4708	62.3538	6.9282	2	131.3907	
3		小计		62.3538	12.4708	62.3538	6.9282	2	131.3907	
4	总计			62.3538	12.4708	62.3538	6.9282	2	131.3907	

图 10-8 型材屋面电算工程量示意图

6. 技巧分享

(1) 型材屋面在软件中的绘制步骤：在绘图输入界面中用版画出型材屋面→在构件列表中单击“新建”→新建板→在属性编辑器中修改板的属性→在构件列表中型材屋面上右击复制相同的型材屋面→单击绘图按钮绘入型材屋面构件。

(2) 型材屋面工程量计算的时候首先要考虑尺寸，同时结合工程量计算规则进行算量。

10.2 屋面防水和他的小伙伴们

10.2.1 屋面卷材防水

项目编码：010902001 项目名称：屋面卷材防水

【例 10-3】 某建筑，屋面防水层为橡胶卷材，屋面长度为 16.5m，宽度为 9m，墙厚度为 200mm，女儿墙卷边 350mm，试求其工程量。

屋面卷材平铺.mp4

卷材防水层施工外帖法.wmv

卷材防水层施工内帖法.wmv

卷材铺贴施工.wmv

解：

1. 屋面卷材防水现场示意图

屋面卷材防水现场示意图如图 10-9 所示。

2. 屋面卷材防水三维立体效果图

屋面卷材防水三维立体效果图如图 10-10 所示。

图 10-9 屋面卷材防水

图 10-10 屋面卷材防水三维立体效果图

3. 屋面卷材防水平面图

屋面卷材防水平面图如图 10-11 所示。

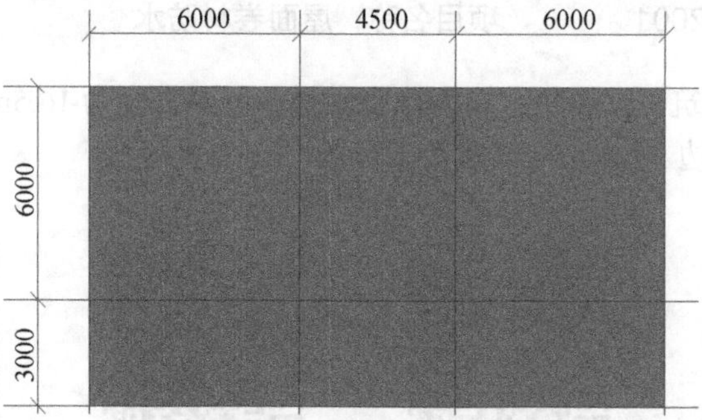

图 10-11 屋面卷材防水平面图

卷材屋面.mp3

4. 手工清单算量

1) 工程量计算规则

屋面卷材防水：按设计图示尺寸以面积计算。

(1)　斜屋顶(不包括平屋顶找坡)按斜面积计算，平屋顶按水平投影面积计算。

(2)　不扣除房上烟筒、风帽底座、风道、屋面小气窗和斜沟所占面积。

(3)　屋面的女儿墙、伸缩缝和天窗等处的弯起部分，并入屋面工程量内。

2)　工程量计算

屋面卷材防水工程量=(16.5−0.2)×(9−0.2)+(16.5−0.2+9−0.2)×2×0.35m^2

=161.01m^2

10.2.2　屋面双沟——天沟、檐沟

项目编码：010902007　项目名称：屋面天沟、檐沟

【例 10-4】 某建筑，屋面有一白铁天沟，天沟的深度和厚度均为 80mm，长度为 25m，宽度为 500mm，试求其工程量。

解：

图 10-12　屋面天沟、檐沟现场示意图

1. 屋面天沟、檐沟现场示意图

屋面天沟、檐沟现场示意图如图 10-12 所示。

2. 屋面天沟、檐沟三维立面示意图

屋面天沟、檐沟三维立面示意图如图 10-13 所示。

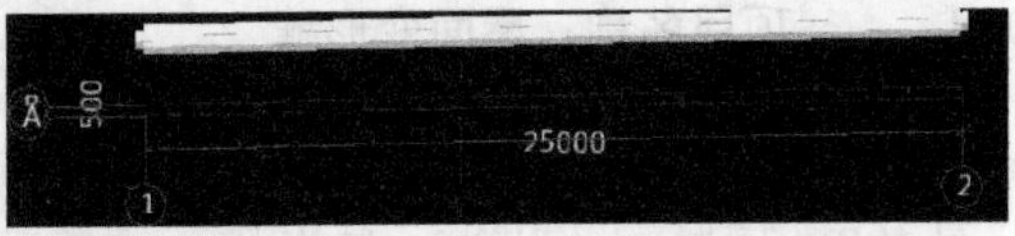

图 10-13　屋面天沟、檐沟三维立面示意图

3. 屋面天沟、檐沟平面示意图

屋面天沟、檐沟平面示意图如图 10-14 所示。

图 10-14　屋面天沟、檐沟平面示意图

4. 手工清单算量

1) 工程量计算规则

屋面天沟、檐沟：按设计图示尺寸以展开面积计算。

2) 工程量计算

屋面天沟工程量=(0.08+0.5)×25m^2=14.5m^2

5. 电算工程量示意图

屋面天沟电算工程量示意图如图 10-15 所示。

构件工程量 | 做法工程量

◉ 清单工程量 ○ 定额工程量 ☑ 显示房间、组合构件量 ☑ 只显示标准层单层量

	分类条件		工程量名称		
	楼层	名称	自定义线长度(m)	自定义线截面面积(m2)	自定义线体积(m3)
1	首层	ZDYX-1[500*80]	25	0.04	1
2		小计	25	0.04	1
3	总计		25	0.04	1

图 10-15 屋面天沟电算工程量示意图

6. 技巧分享

双击“自定义”→“单击自定义线”→在属性编辑框里改换数据→单击绘图按钮绘图。

10.2.3 屋面变形缝

项目编码：010902008　　项目名称：屋面变形缝

【例 10-5】某建筑，屋面有一处变形缝，用铝合金或不锈钢板嵌缝，屋面长度为 36m，墙厚为 200mm，试求其工程量。

解：

1. 屋面变形缝现场示意图

屋面变形缝现场示意图如图 10-16 所示。

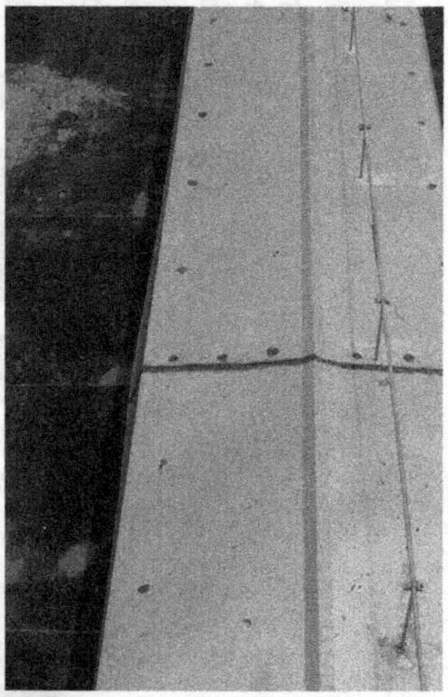

图 10-16 屋面变形缝现场示意图

2. 手工清单算量

1) 工程量计算规则

屋面变形缝：按设计图示以长度计算。

2) 工程量计算

屋面变形缝工程量=(36−0.2)m=35.8m

10.3　墙面拿什么防水、防潮

10.3.1　墙面卷材防水

项目编码：010903001　　　项目名称：墙面卷材防水

墙面防水、防潮计算规则.mp3

【例 10-6】 已知某建筑物平面尺寸为 16.5m×9m，层高 3.5m，墙厚 200mm，墙面采用橡胶卷材作为防水层，试根据所给信息求卷材防水的工程量。

解：

1. 墙面卷材防水现场示意图

墙面卷材防水现场示意图如图 10-17 所示。

图 10-17　墙面卷材防水现场示意图

2. 墙面卷材防水三维立体效果图

墙面卷材防水三维立体效果图如图 10-18 所示。

3. 墙面卷材防水平面图

墙面卷材防水平面图如图 10-19 所示。

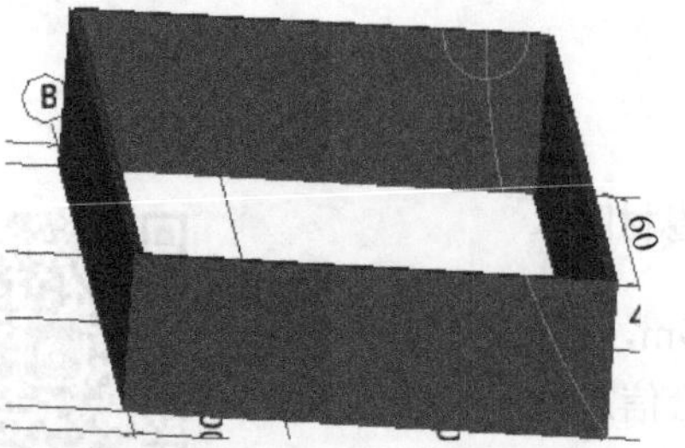

图 10-18 墙面卷材防水三维立体效果图

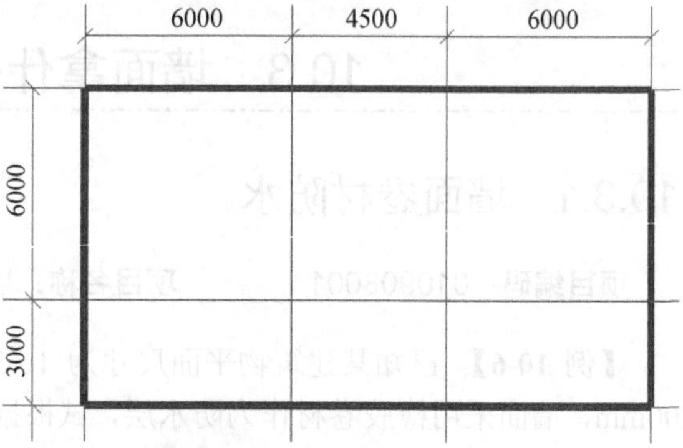

图 10-19 墙面卷材防水平面图

4. 手工清单算量

1) 工程量计算规则

墙面卷材防水：按设计图示尺寸以面积计算。

2) 工程量计算

墙面卷材防水工程量=[(16.5−0.2)+(9−0.2)]×2×3.5=175.7m^2

10.3.2 墙面涂膜防水

项目编码：010903002 项目名称：墙面涂膜防水

【例 10-7】 某建筑，墙面防水层用三布三涂聚氨酯底胶，墙宽 10.5m，长 15m。层高 3m，墙厚 240mm。试求其工程量。

解：

1. 墙面涂膜防水现场示意图

墙面涂膜防水现场示意图如图 10-20 所示。

2. 墙面涂膜防水三维立体效果图

墙面涂膜防水三维立体效果图如图 10-21 所示。

3. 墙面涂膜防水平面图

墙面涂膜防水平面图如图 10-22 所示。

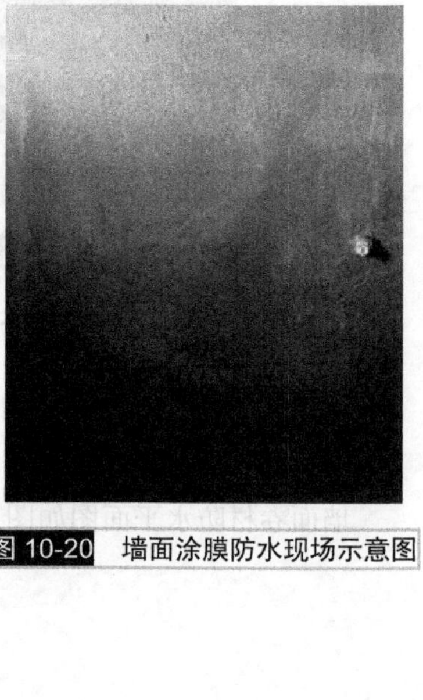

图 10-20 墙面涂膜防水现场示意图

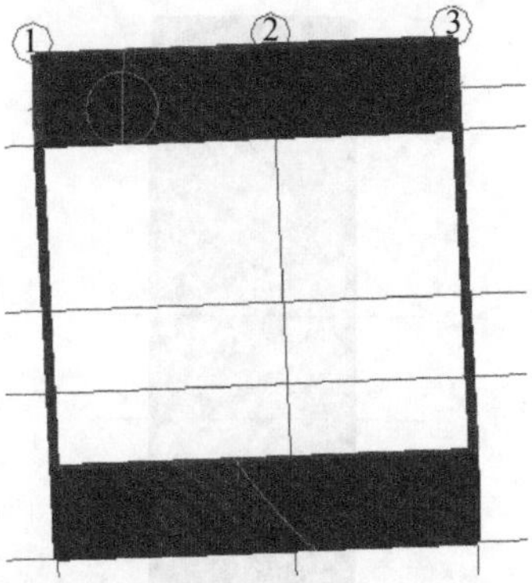

图 10-21 墙面涂膜防水三维立体效果图

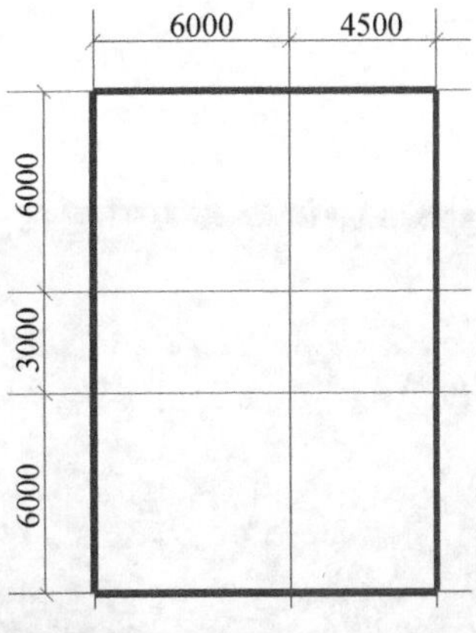

图 10-22 墙面涂膜防水平面图

4. 手工清单算量

1) 工程量计算规则

墙面涂膜防水：按设计图示尺寸以面积计算。

2) 工程量计算

墙面涂膜防水工程量=[(10.5−0.24)+(15−0.24)]×2×3=150.12m^3

10.4 楼(地)面会效仿屋面！

10.4.1 楼(地)面卷材防水

项目编码：010904001　　项目名称：楼(地)面卷材防水

【例 10-8】 某建筑，做楼(地)面防水，长度为 15m，宽度为 4.5m，墙厚度为 200mm，试求其工程量。

解：

1. 楼(地)面卷材防水现场示意图

楼(地)面卷材防水现场示意图如图 10-23 所示。

2. 楼(地)面卷材防水三维立体效果图

楼(地)面卷材防水三维立体效果图如图 10-24 所示。

楼地面防水、防潮计算规则.mp3

图 10-23 楼(地)面卷材防水现场示意图

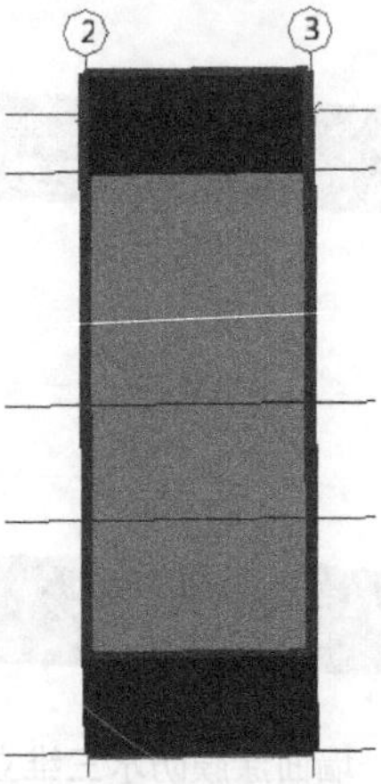

图 10-24 楼(地)面卷材防水三维立体效果图

3. 楼(地)面卷材防水平面图

楼(地)面卷材防水平面图如图 10-25 所示。

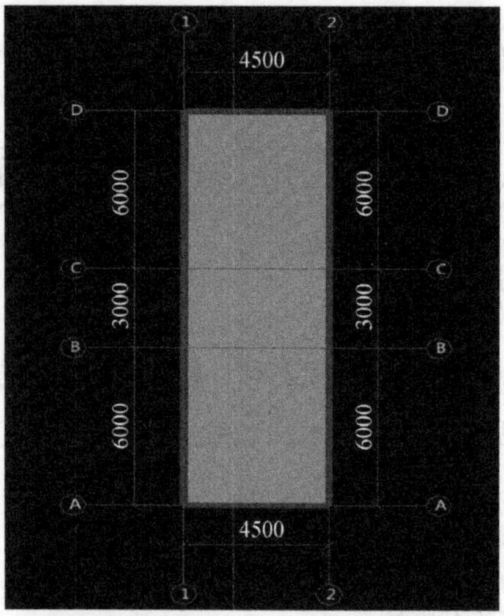

图 10-25 楼(地)面卷材防水平面图

4. 手工清单算量

1) 工程量计算规则

楼(地)面卷材防水：按设计图示尺寸以面积计算。

(1) 楼(地)面防水：按主墙间净空面积计算，扣除凸出地面的构筑物、设备基础等所占面积，不扣除间壁墙及单个面积≤0.3m^{2}柱、垛、烟筒和孔洞所占面积。

(2) 楼(地)面防水反边高度≤300mm 算作地面防水，反边，高度＞300mm 按墙面防水计算。

2) 工程量计算

楼(地)面卷材防水工程量=(15−0.2)×(4.5−0.2)m^2=63.64m^2

10.4.2 楼(地)面砂浆防水(防潮)

项目编码：010904003 项目名称：楼(地)面砂浆防水(防潮)

【例 10-9】 某建筑，做楼(地)面砂浆防水，长度为 16.5m，宽度为 6m，墙厚为 200mm，试求其工程量。

解：

1. 楼(地)面砂浆防水(防潮)现场示意图

楼(地)面砂浆防水(防潮)现场示意图如图 10-26 所示。

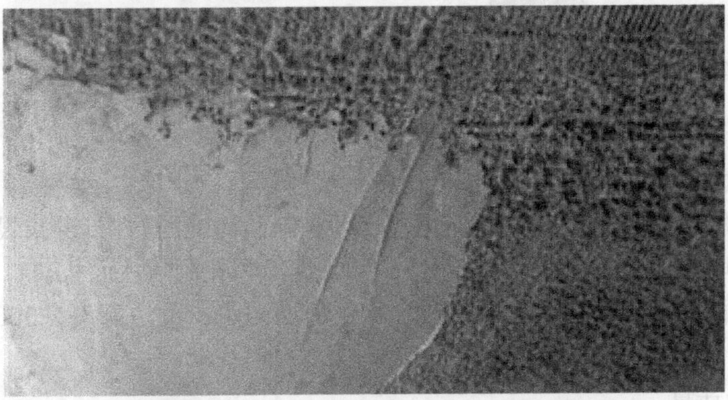

图 10-26 楼(地)面砂浆防水(防潮)现场示意图

2. 楼(地)面砂浆防水(防潮)三维立体效果图

楼(地)面砂浆防水(防潮)三维立体效果图如图 10-27 所示。

3. 楼(地)面砂浆防水(防潮)平面图

楼(地)面砂浆防水(防潮)平面图如图 10-28 所示。

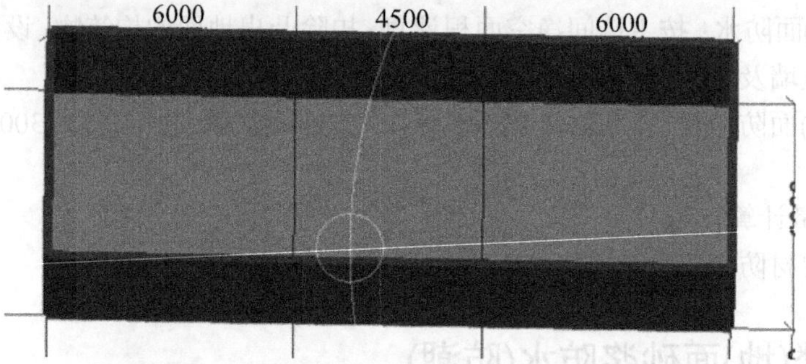

图 10-27　楼(地)面砂浆防水(防潮)三维立体效果图

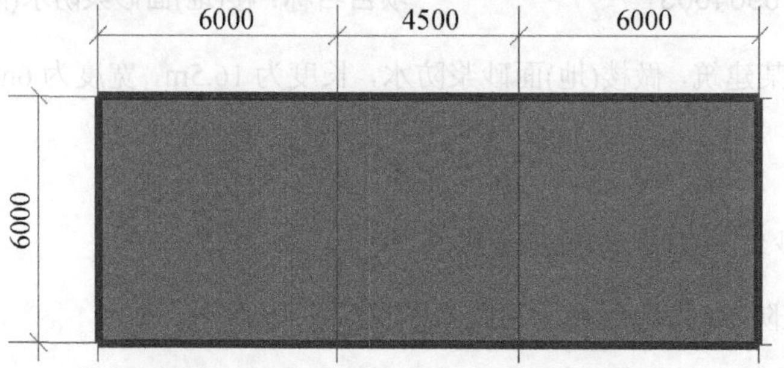

图 10-28　楼(地)面砂浆防水(防潮)平面图

4. 手工清单算量

1)　工程量计算规则

(1)　楼(地)面砂浆防水(防潮)：按设计图示尺寸以面积计算。

(2)　楼(地)面防水：按主墙间净空面积计算，扣除凸出地面的构筑物、设备基础等所占面积，不扣除间壁墙及单个面积≤$0.3m^2$ 的柱、垛、烟筒和孔洞所占面积。

(3)　楼(地)面防水反边高度≤300mm 算作地面防水，反边高度＞300mm 按墙面防水计算。

2)　工程量计算

楼(地)面砂浆防水(防潮)工程量=$(16.5-0.2)\times(6-0.2)m^2=94.54m^2$

第 10 章　屋面及防水工程.pptx

第11章 保温、隔热、防腐工程很重要

11.1 保温、隔热

11.1.1 外表屋面的保温隔热

项目编码：011001001　　　项目名称：保温隔热屋面

【例 11-1】 某建筑，屋面是水泥砂浆珍珠保温隔热层，长度为 14.7m，宽度为 13.2m，墙厚为 200mm，试求其工程量。

解：

1. 保温隔热屋面现场示意图

保温隔热屋面现场示意图如图 11-1 所示。

图 11-1　保温隔热屋面现场示意图

2. 保温隔热屋面三维立体效果图

保温隔热屋面三维立体效果图如图 11-2 所示。

图 11-2　保温隔热屋面三维立体效果图

3. 手工清单算量

1)　工程量计算规则

保温隔热屋面平面图：按设计图示尺寸以面积计算。扣除面积＞$0.3m^2$孔洞及占位面积。

2)　工程量计算

保温隔热屋面平面图工程量=$(14.7-0.2)\times(13.2-0.2)m^2=188.5m^2$

4. 电算工程量

保温隔热屋面电算工程量示意图如图 11-3 所示。

构件工程量　做法工程量

清单工程量　定额工程量　显示房间、组合构件量　过滤构件类型：现浇板　只显示标准层单层量

	分类条件			工程量名称						
	楼层	名称	坡度	面积(m2)	体积(m3)	底面模板面积(m2)	侧面模板面积(m2)	数量(块)	超高模板面积(m2)	超高
1	首层	屋面板	0	188.5169	22.622	188.5169	6.6029	1	0	
2			小计	188.5169	22.622	188.5169	6.6029	1	0	
3		小计		188.5169	22.622	188.5169	6.6029	1	0	
4	总计			188.5169	22.622	188.5169	6.6029	1	0	

图 11-3　保温隔热屋面电算工程量示意图

5. 技巧分享

(1)　保温隔热屋面在软件中的绘制步骤：在绘图输入中用版画出保温隔热屋面→在构件列表中单击“新建”→新建板→在属性编辑器中修改板的属性→在构件列表中保温隔热屋面上右击复制相同的保温隔热屋面→单击绘图按钮绘入保温隔热屋面构件。

(2)　保温隔热屋面工程量计算的时候首先要考虑尺寸，同时结合工程量计算规则进行算量。

11.1.2 有凉意的保温隔热天棚

项目编码：011001002　　　项目名称：保温隔热天棚

【例 11-2】 某建筑，屋面天棚是聚苯乙烯塑料板，长度为 7.2m，宽度为 14.7m，墙厚度为 200m，试求其工程量。

解：

1. 保温隔热天棚现场示意图

保温隔热天棚现场示意图如图 11-4 所示。

图 11-4　保温隔热天棚现场示意图

2. 保温隔热天棚三维立体效果图

保温隔热天棚三维立体效果图如图 11-5 所示。

3. 保温隔热天棚平面图

保温隔热天棚平面图如图 11-6 所示。

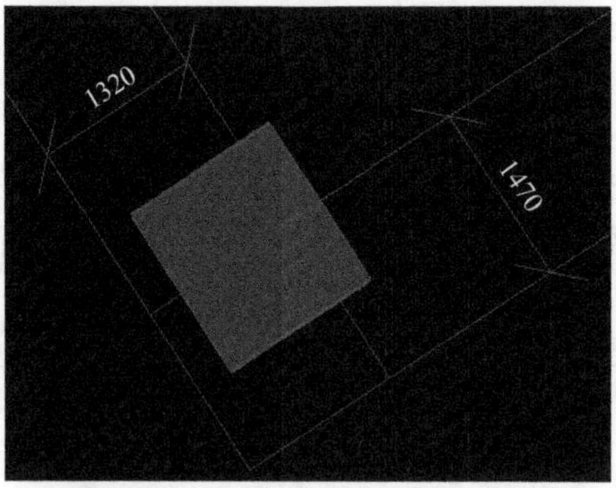

图 11-5　保温隔热天棚三维立体效果图

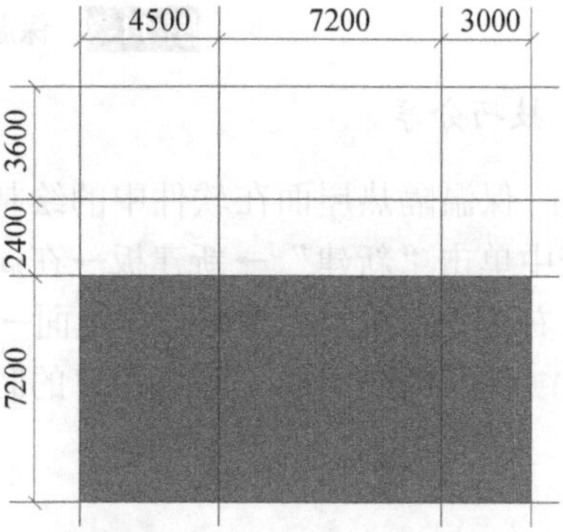

图 11-6　保温隔热天棚平面图

4. 手工清单算量

1)　工程量计算规则

保温隔热天棚：按设计图示尺寸以面积计算。扣除面积＞$0.3m^2$ 的柱、垛、孔洞所占面积，与天棚相连的梁按展开面积，计算并入天棚工程量内。

2)　工程量计算

保温隔热天棚工程量=$(14.7-0.2)\times(7.2-0.2)m^2=101.5m^2$

5. 电算工程量

保温隔热天棚电算工程量示意图如图 11-7 所示。

保温隔热天棚.mp3

◉ 清单工程量 ○ 定额工程量 ☑ 显示房间、组合构件量 ☑ 只显示标准层单层量

	分类条件			工程量名称				
	楼层	名称	所属房间	天棚抹灰面积 (m2)	天棚装饰面积 (m2)	梁抹灰面积 (m2)	满堂脚手架面积 (m2)	超高满堂脚手架面积 (
1	首层	天棚	[无]	101.5	101.5	0	101.5	
2			小计	101.5	101.5	0	101.5	
3		小计		101.5	101.5	0	101.5	
4	总计			101.5	101.5	0	101.5	

图 11-7　保温隔热天棚电算工程量示意图

6. 技巧分享

(1) 保温隔热天棚在软件中的绘制步骤：在绘图输入界面中用版画出保温隔热天棚→在构件列表中单击“新建”→新建保温隔热天棚→在属性编辑器中修改保温隔热天棚的属性→在构件列表中保温隔热天棚上右击复制相同的保温隔热天棚→单击绘图按钮绘入保温隔热天棚构件。

(2) 保温隔热天棚工程量计算的时候首先要考虑尺寸，同时结合工程量计算规则进行算量。

11.1.3 靠谱的保温隔热墙面

项目编码：011001003　　项目名称：保温隔热墙面

【例 11-3】某建筑，墙面是反射隔热防水纳米复合陶瓷涂料，长度为 6m，宽度为 14.7m，墙厚度为 200mm，高度为 3m，门 1 的尺寸为 2000mm×2500mm，窗 1 的尺寸为 1800mm×2500mm，试求其工程量。

解：

1. 保温隔热墙面现场示意图

保温隔热墙面现场示意图如图 11-8 所示。

2. 保温隔热墙面三维立体效果图

保温隔热墙面三维立体效果图如图 11-9 所示。

保温隔热墙面.mp4

图 11-8　保温隔热墙面现场示意图

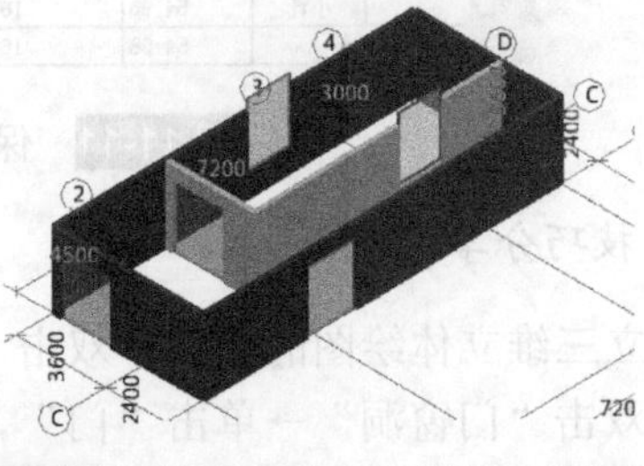

图 11-9　保温隔热墙面三维立体效果图

3. 保温隔热墙面平面图

保温隔热墙面平面图如图 11-10 所示。

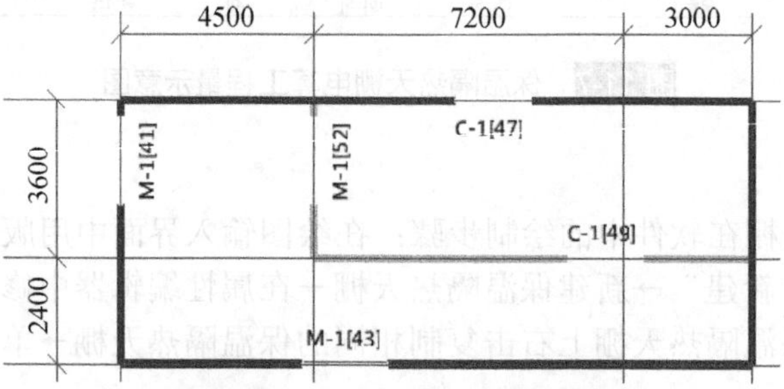

图 11-10 保温隔热墙面平面图

4. 手工清单算量

1) 工程量计算规则

按设计图示尺寸以面积计算。扣除门窗洞口以及面积＞$0.3m^2$ 的梁、孔洞所占面积；门窗洞口侧壁以及与墙相连的柱，并入保温墙体工程量内。

保温隔热墙面.mp3

2) 工程量计算

保温隔热墙面工程量=[(14.7−0.2+6−0.2)×2+3.6−0.2+10.2−0.2]×3+(0.2×6×2.5+0.2×4×2.5)−(2×2.5×3+1.8×2.5×2)m^2=148m^2

5. 电算工程量

保温隔热墙面电算工程量示意图如图 11-11 所示。

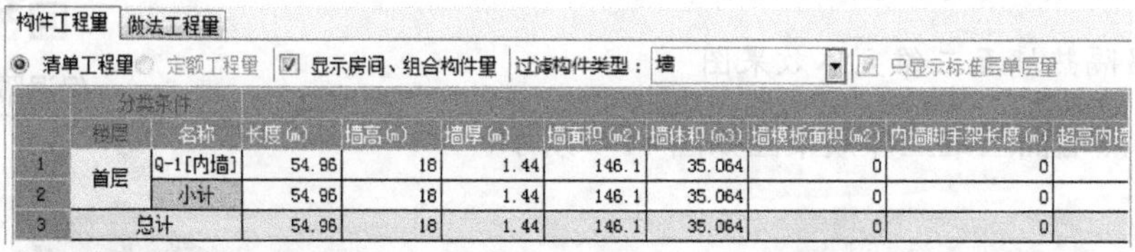

构件工程量 | 做法工程量

清单工程量 定额工程量 显示房间、组合构件量 过滤构件类型：墙 只显示标准层单层量

	分类条件									
	楼层	名称	长度(m)	墙高(m)	墙厚(m)	墙面积(m2)	墙体积(m3)	墙模板面积(m2)	内墙脚手架长度(m)	超高内墙
1	首层	Q-1[内墙]	54.96	18	1.44	146.1	35.064	0	0	
2		小计	54.96	18	1.44	146.1	35.064	0	0	
3	总计		54.96	18	1.44	146.1	35.064	0	0	

图 11-11 保温隔热墙面电算工程量示意图

6. 技巧分享

建立三维立体绘图的步骤：双击“墙”→新建墙在属性编辑器中更改数值→单击“绘图”→双击“门窗洞”→单击“门”，在属性编辑器中改换数值→单击“绘图”→单击窗在属性编辑器中更改数值→单击“绘图”。

11.1.4 知道保温柱、梁吗？

项目编码：011001004　　项目名称：保温柱、梁

【例 11-4】 某建筑，柱高为 3m，用无机活性保温材料保温方柱，截面长度为 1.5m，截面高度为 1m，试求其工程量。

解：

1. 保温柱、梁现场示意图

保温柱、梁现场示意图如图 11-12 所示。

2. 保温柱、梁三维立体效果图

保温柱、梁三维立体效果图如图 11-13 所示。

图 11-12　保温柱、梁现场示意图

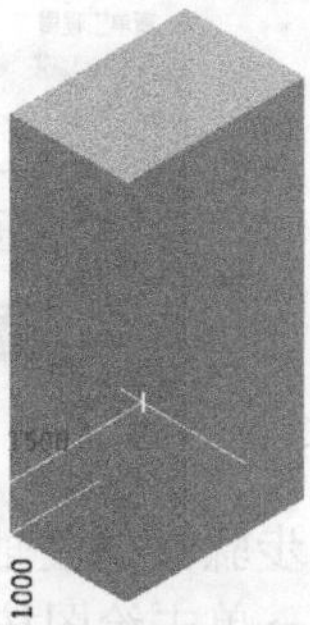

图 11-13　保温柱、梁三维立体效果图

3. 保温柱、梁平面图

保温柱、梁平面图如图 11-14 所示。

图 11-14　保温柱、梁平面图

4. 手工清单算量

1)　工程量计算规则

保温柱、梁：按设计图示尺寸以面积计算。

(1)　柱按设计图示柱断面保温层中心线展开长度乘以保温层高度以面积计算，扣除面积＞$0.3m^2$的梁所占面积。

(2)　梁按设计图示梁断面保温层中心线展开长度乘以保温层长度以面积计算。

保温梁、柱.mp3

2)　工程量计算

保温柱、梁工程量=$(1+1.5)\times2\times3m^2=15m^2$

5. 电算工程量

保温柱、梁电算工程量示意图如图 11-15 所示。

构件工程量　做法工程量

清单工程量　定额工程量　显示房间、组合构件量　过滤构件类型：柱

	分类条件		工程量名称					
	楼层	名称	高度(m)	截面面积(m2)	柱周长(m)	柱体积(m3)	柱模板面积(m2)	柱数量(根)
1	首层	KZ-1	3	1.5	5	4.5	15	1
2		小计	3	1.5	5	4.5	15	1
3	总计		3	1.5	5	4.5	15	1

图 11-15　保温柱、梁电算工程量示意图

6. 技巧分享

绘制三维图步骤：建立轴网找到轴网中点→双击“柱”→单击“柱定义”→在属性编辑器中改换数值→单击绘图按钮。

11.1.5 来自保温隔热地面的安稳感

项目编码：011001005　　　项目名称：保温隔热楼地面

【例 11-5】 某建筑，楼地面采用 85mm 厚沥青材料保温，墙长为 6m，墙宽为 11.7m，墙厚为 200mm，试求其工程量。

解：

1. 保温隔热楼地面现场示意图

保温隔热楼地面现场示意图如图 11-16 所示。

2. 保温隔热楼地面三维立体效果图

保温隔热楼地面三维立体效果图如图 11-17 所示。

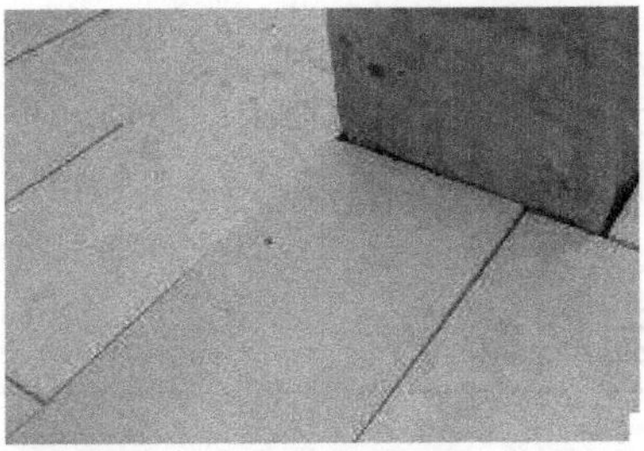

图 11-16　保温隔热楼地面现场示意图

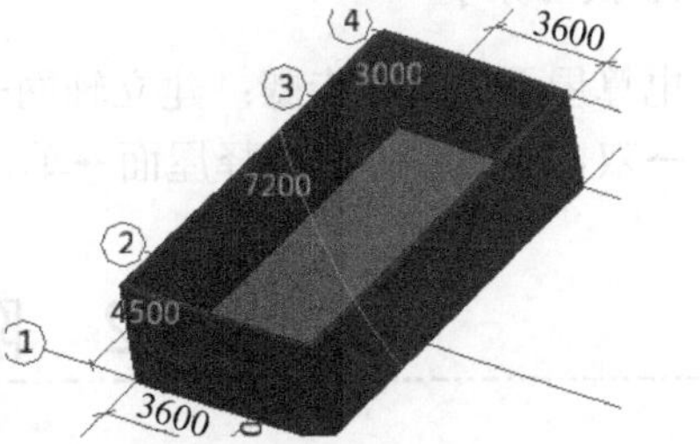

图 11-17　保温隔热楼地面三维立体效果图

3. 保温隔热楼地面平面图

保温隔热楼地面平面图如图 11-18 所示。

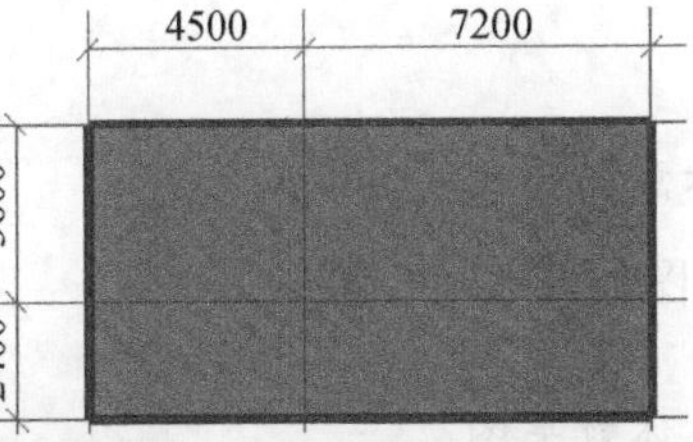

图 11-18　保温隔热楼地面平面图

4. 手工清单算量

1)　工程量计算规则

保温隔热楼地面：按设计图示尺寸以面积计算。扣除面积＞$0.3m^2$ 的柱、垛、孔洞等所占面积。门洞、空圈、暖气包槽、壁龛的开口部分不增加面积。

2)　工程量计算

保温隔热楼地面工程量=$(11.7-0.2)\times(6-0.2)m^2=66.7m^2$

5. 电算工程量

保温隔热楼地面电算工程量示意图如图 11-19 所示。

保温隔热楼地面.mp3

构件工程量　做法工程量

清单工程量　定额工程量　显示房间、组合构件量　只显示标准层单层量

	分类条件		工程量名称						
	楼层	名称	屋面周长(m)	屋面面积(m2)	屋面卷边面积(m2)	屋面防水面积(m2)	屋面卷边长度(m)	屋脊线长度(m)	投影面积
1	首层	WM-1	34.6	66.7	0	66.7	0	0	
2		小计	34.6	66.7	0	66.7	0	0	
3	总计		34.6	66.7	0	66.7	0	0	

图 11-19　保温隔热楼地面电算工程量示意图

6. 技巧分享

电算屋面工程量步骤：建立轴网→双击“墙”→改变属性编辑器中的数值→单击“绘图”→双击“其他”→选择屋面→单击绘图按钮→电算工程量。

11.2 防腐面层因料命名

11.2.1 防腐混凝土面层

项目编码：011002001　　项目名称：防腐混凝土面层

【例 11-6】 某建筑，修建台阶整体面层，3 个踏步，台阶高度为 500mm，台阶长为 3m，宽度为 1.5m，试求其工程量。

解：

1. 防腐混凝土面层现场示意图

防腐混凝土面层现场示意图如图 11-20 所示。

2. 防腐混凝土面层三维立体效果图

防腐混凝土面层三维立体效果图如图 11-21 所示。

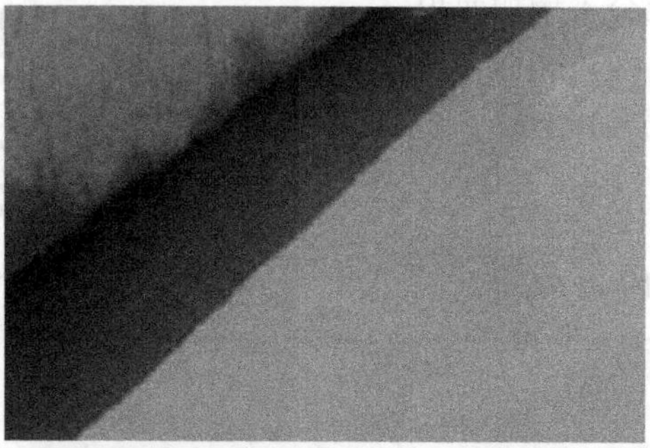

图 11-20 防腐混凝土面层现场示意图

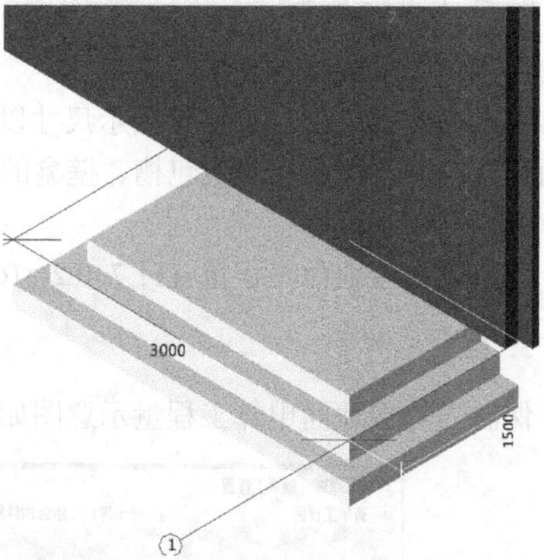

图 11-21 防腐混凝土面层三维立体效果图

3. 防腐混凝土面层平面图

防腐混凝土面层平面图如图 11-22 所示。

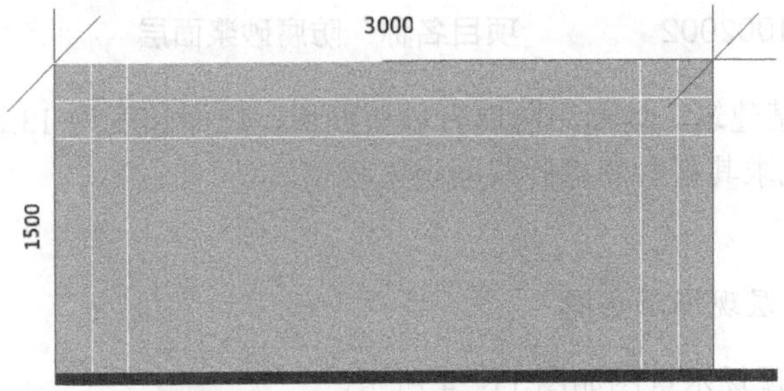

图 11-22　防腐混凝土面层平面图

4. 手工清单算量

1)　工程量计算规则

防腐混凝土面层：按设计图示尺寸以面积计算。

(1)　平面防腐：扣除凸出地面的构筑物、设备基础等以及面积＞$0.3m^2$ 的孔洞、柱、垛等所占面积，门洞、空圈、暖气包槽、壁龛的开口部分不增加面积。

(2)　立面防腐：扣除门、窗、洞口以及面积＞$0.3m^2$ 的孔洞、梁所占面积，门、窗、洞口侧壁、垛突出部分按展开面积并入墙面积内。

2)　工程量计算

防腐混凝土面层工程量=$3\times1.5m^2=4.5m^2$

5. 电算工程量

防腐混凝土面层电算工程量示意图如图 11-23 所示。

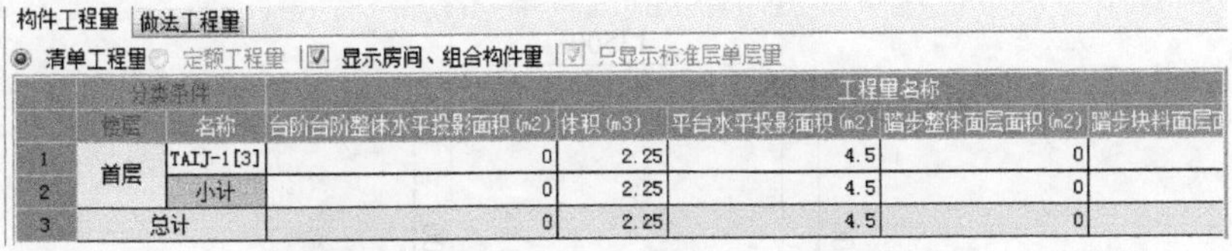
构件工程量　做法工程量

清单工程量　定额工程量　显示房间、组合构件量　只显示标准层单层量

	分类条件		工程量名称				
	楼层	名称	台阶台阶整体水平投影面积(m2)	体积(m3)	平台水平投影面积(m2)	踏步整体面层面积(m2)	踏步块料面层面
1	首层	TAIJ-1[3]	0	2.25	4.5	0	
2		小计	0	2.25	4.5	0	
3	总计		0	2.25	4.5	0	

图 11-23　防腐混凝土面层电算工程量示意图

6. 技巧分享

绘制台阶步骤：双击“其他”→单击“台阶”→在属性编辑器中跟换数值→单击绘图按钮进行绘制。

11.2.2 防腐砂浆面层

项目编码：011002002　　　项目名称：防腐砂浆面层

【例 11-7】 某建筑，地面用防腐青砂浆面层，地面长度为 13.2m，宽度为 13.5m，墙厚度为 200mm，试求其耐酸沥青砂浆面层工程量。

解：

1. 防腐砂浆面层现场示意图

防腐砂浆面层现场示意图如图 11-24 所示。

2. 防腐砂浆面层三维立体效果图

防腐砂浆面层三维立体效果图如图 11-25 所示。

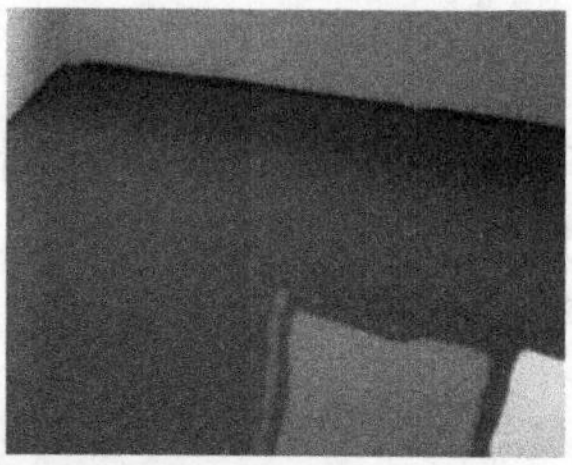

图 11-24　防腐砂浆面层现场示意图

图 11-25　防腐砂浆面层三维立体示意图

3. 防腐砂浆面层平面示意图

防腐砂浆面层平面示意图如图 11-26 所示。

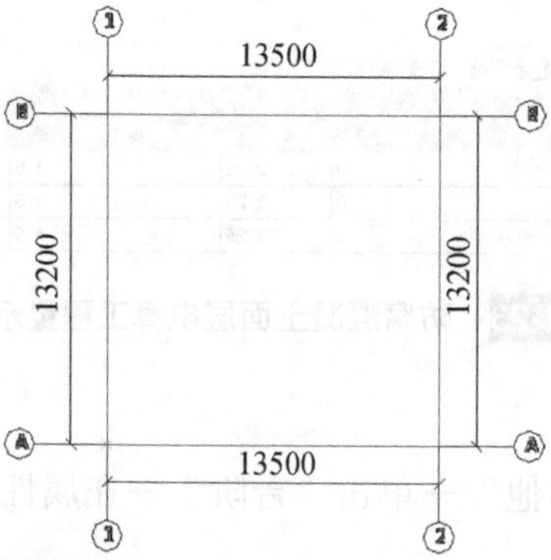

图 11-26　腐砂浆面层平面示意图

4. 手工清单算量

1)　工程量计算规则

防腐砂浆面层：按设计图示尺寸以面积计算。

(1)　平面防腐：扣除凸出地面的构筑物、设备基础等以及面积＞$0.3m^2$ 的孔洞、柱、垛等所占面积，门洞、空圈、暖气包槽、壁龛的开口部分不增加面积。

(2)　立面防腐：扣除门、窗、洞口以及面积＞$0.3m^2$ 的孔洞、梁所占面积，门、窗、洞口侧壁、垛突出部分按展开面积并入墙面积内。

2)　工程量计算

防腐砂浆面层工程量=$(13.2-0.2)\times(13.5-0.2)m^2=172.9m^2$

5. 电算工程量

防腐砂浆面层电算工程量示意图如图 11-27 所示。

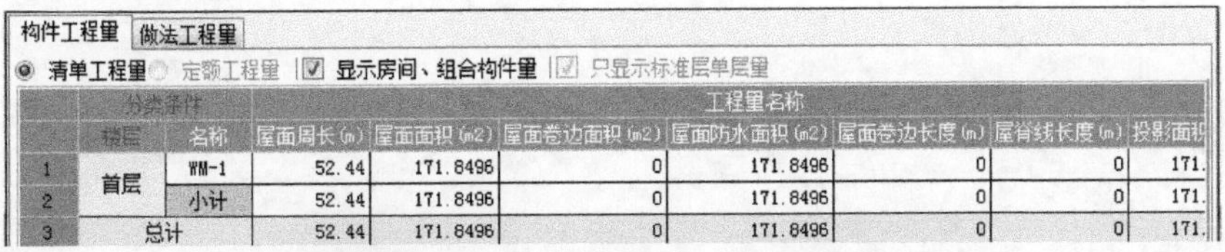

构件工程量　做法工程量

清单工程量　定额工程量　显示房间、组合构件量　只显示标准层单层量

	分类条件		工程量名称						
	楼层	名称	屋面周长(m)	屋面面积(m2)	屋面卷边面积(m2)	屋面防水面积(m2)	屋面卷边长度(m)	屋脊线长度(m)	投影面积
1	首层	WM-1	52.44	171.8496	0	171.8496	0	0	171.
2		小计	52.44	171.8496	0	171.8496	0	0	171.
3	总计		52.44	171.8496	0	171.8496	0	0	171.

图 11-27　防腐砂浆面层电算工程量示意图

6. 技巧分享

电算屋面工程量步骤：建立轴网→双击“墙”→改变属性编辑器中的数值→单击“绘图”→双击“其他”→选择屋面→单击绘图按钮→电算工程量。

第 11 章　保温防腐工程.pptx

第12章 楼地面的『面子』工程

12.1　整体平面及找平层

整体面层.mp3

12.1.1 水泥砂浆楼地面

项目编码：011101001　名称：水泥砂浆楼地面

【例 12-1】水泥砂浆楼地面(尺寸如图 12-3 所示)，外墙厚为 240mm，内墙厚为 200mm，在室内做 100mm 厚的素混凝土垫层，面层用 20mm 厚水泥砂浆面层，求其工程量。

解：

1. 水泥砂浆楼地面现场示意图

水泥砂浆楼地面现场示意图如图 12-1 所示。

图 12-1　水泥砂浆楼地面现场示意图

2. 水泥砂浆楼地面三维立体效果图

水泥砂浆楼地面三维立体效果图如图 12-2 所示。

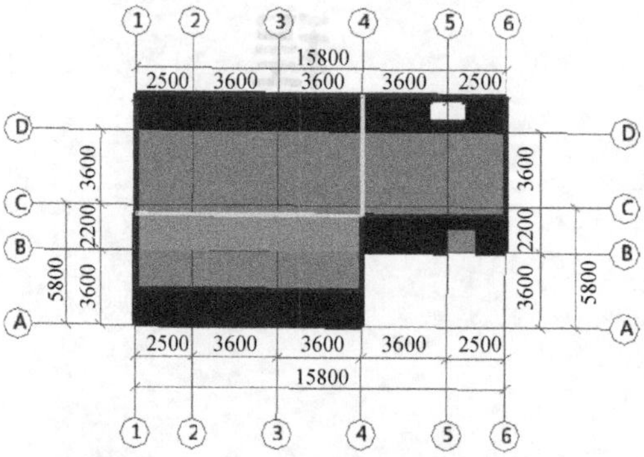

图 12-2　水泥砂浆楼地面三维立体效果图

3. 水泥砂浆楼地面平面图

水泥砂浆楼地面平面图如图 12-3 所示。

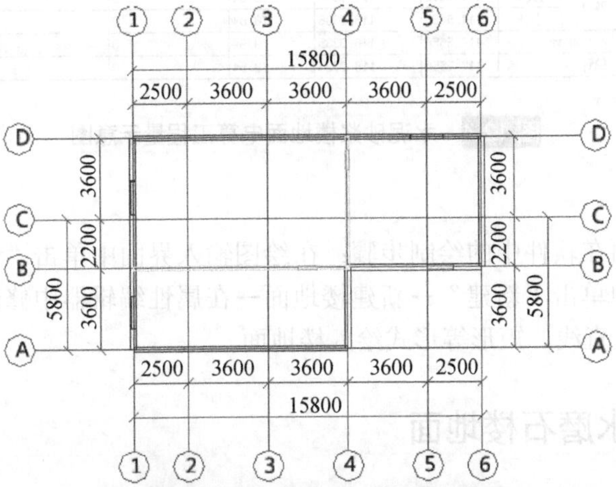

图 12-3 水泥砂浆楼地面平面图

4. 手工清单算量

1) 工程量清单计算规则

按设计图示尺寸以面积计算。扣除凸出地面构筑物、设备基础、室内铁道、地沟等所占面积，不扣除间壁墙及≤0.3m^2 的柱、垛、附墙烟筒及孔洞所占面积。门洞、空圈、暖气包槽、壁龛的开口部分不增加面积。

2) 工程量计算

=[(9.7−0.12−0.1)×(5.8−0.12−0.1)]+[(5.8−0.24)×(6.1−0.12−0.1)]+[(3.6−0.12−0.1)×(9.7−0.24)]m^2

=117.566m^2

水泥砂浆楼地面面积=117.566m^2

垫层工程量=117.566×0.1m^3=11.7566m^3

地面垫层按室内主墙净空面积乘以设计厚度，工程量以体积计算。

小贴士： (9.7−0.12−0.1)×(5.8−0.12−0.1)为 B 轴、D 轴与 1 轴、4 轴的房间地面净面积。

(5.8−0.24)×(6.1−0.12−0.1)为 B 轴、D 轴与 4 轴、6 轴的房间地面净面积。

(3.6−0.12−0.1)×(9.7−0.24)为 A 轴、B 轴与 1 轴、4 轴的房间地面净面积。

5. 电算工程量

水泥砂浆楼地面电算工程量示意图如图 12-4 所示。

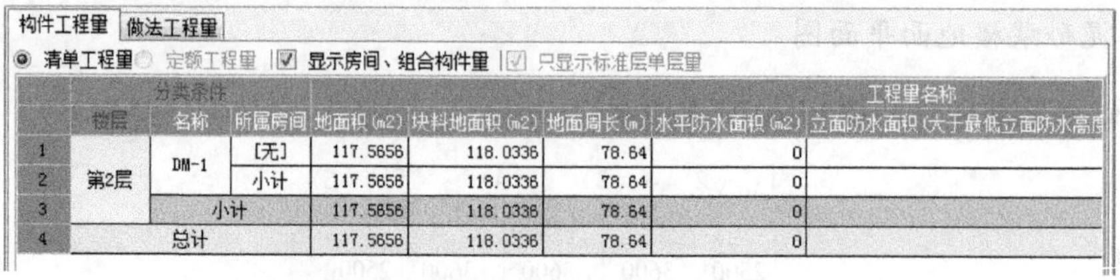

构件工程量　做法工程量

◉ 清单工程量 ○ 定额工程量 ☑ 显示房间、组合构件量 ☑ 只显示标准层单层量

	分类条件			工程量名称				
	楼层	名称	所属房间	地面积(m2)	块料地面积(m2)	地面周长(m)	水平防水面积(m2)	立面防水面积(大于最低立面防水高度
1	第2层	DM-1	[无]	117.5656	118.0336	78.64	0	
2			小计	117.5656	118.0336	78.64	0	
3		小计		117.5656	118.0336	78.64	0	
4	总计			117.5656	118.0336	78.64	0	

图 12-4　水泥砂浆楼地面电算工程量示意图

6. 技巧分享

水泥砂浆楼地面在软件中的绘制步骤：在绘图输入界面中单击“装修”→双击“楼地面”→在构件列表中单击“新建”→新建楼地面→在属性编辑器中修改楼地面的属性→单击绘图按钮以点画、直线、矩形等形式绘入楼地面。

12.1.2　现浇水磨石楼地面

项目编码：011101002　　名称：现浇水磨石楼地面

【例 12-2】 已知某建筑物的地面为现浇水磨石面层，请根据平面示意图，求水磨石地面的各项工程量。

现浇水磨石楼地面.mp4

解：

1. 水磨石地面现场示意图

水磨石地面现场示意图如图 12-5 所示。

图 12-5　水磨石地面现场示意图

2. 水磨石地面三维立体效果图

水磨石地面三维立体效果图如图 12-6 所示。

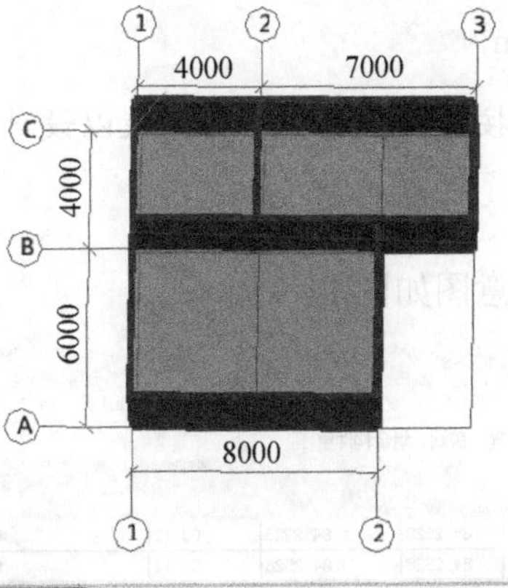

图 12-6 水磨石地面三维立体效果图

3. 水磨石地面平面示意图

水磨石地面平面示意图如图 12-7、图 12-8 所示。

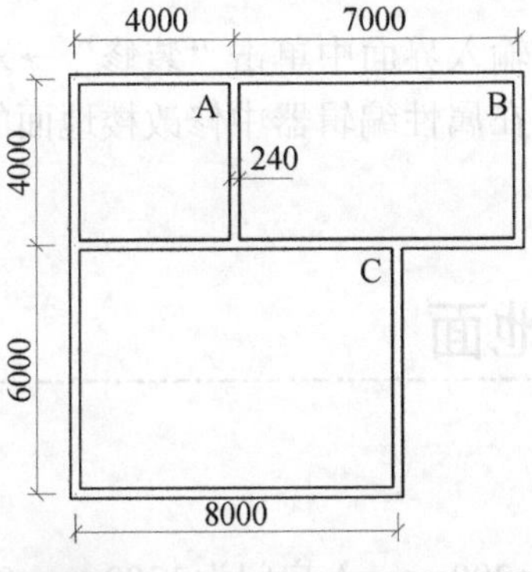

图 12-7 水磨石地面平面示意图

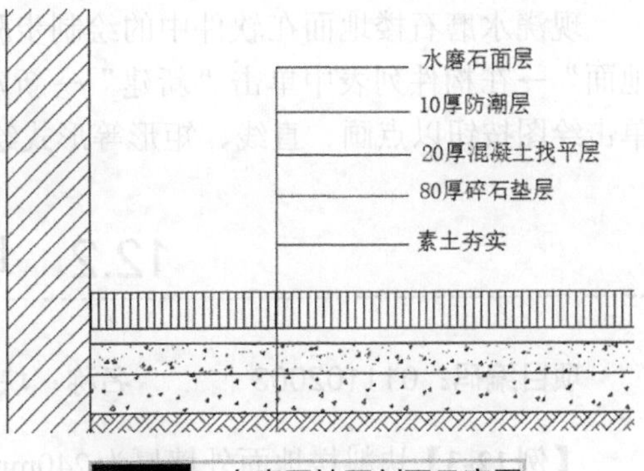

图 12-8 水磨石地面剖面示意图

4. 手工清单算量

1) 工程量计算规则

按设计图示尺寸以面积计算。扣除凸出地面构筑物、设备基础、室内铁道、地沟等所占面积，不扣除间壁墙及≤$0.3m^2$的柱、垛、附墙烟筒及孔洞所占面积。门洞、空圈、暖气包槽、壁龛的开口部分不增加面积。

2) 工程量计算

原始面积=$(8-0.24)\times(6-0.24)+(4-0.24)\times(4-0.24)+(7-0.24)\times(4-0.24)m^2=84.25m^2$

防潮层的工程量=$84.25\times0.01m^3=0.8425m^3$

混凝土找平层=$84.25\times0.02m^3=1.685m^3$

垫层=84.25×0.08m³ =6.74m³

小贴士：楼地面垫层及找平层按室内主墙净空面积乘以设计厚度，工程量以体积计算。

5. 电算工程量

水磨石地面电算工程量示意图如图 12-9 所示。

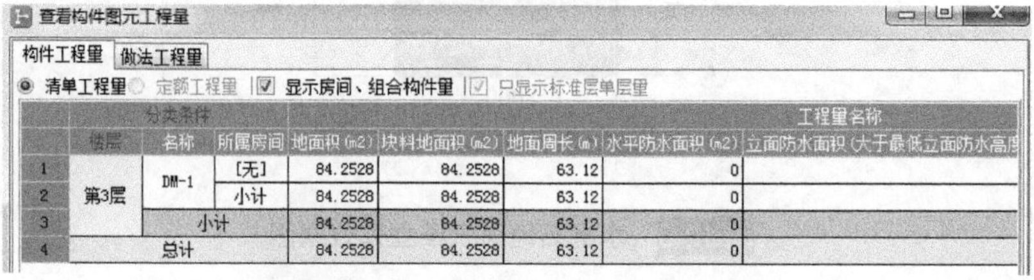
查看构件图元工程量
构件工程量　做法工程量
◉ 清单工程量 ○ 定额工程量 ☑ 显示房间、组合构件量 ☑ 只显示标准层单层量

	分类条件			工程量名称				
	楼层	名称	所属房间	地面积(m2)	块料地面积(m2)	地面周长(m)	水平防水面积(m2)	立面防水面积(大于最低立面防水高度
1	第3层	DM-1	[无]	84.2528	84.2528	63.12	0	
2			小计	84.2528	84.2528	63.12	0	
3		小计		84.2528	84.2528	63.12	0	
4	总计			84.2528	84.2528	63.12	0	

图 12-9　水磨石地面电算工程量示意图

6. 技巧分享

现浇水磨石楼地面在软件中的绘制步骤：在绘图输入界面中单击“装修”→双击“楼地面”→在构件列表中单击“新建”→新建楼地面→在属性编辑器中修改楼地面的属性→单击绘图按钮以点画、直线、矩形等形式绘入楼地面。

12.2　块料楼地面

项目编码：011102003　　　　名称：块料楼地面

【例 12-3】块料楼地面外墙厚为 240mm，内墙厚为 200mm，入户门为 1200mm×2100mm，室内门为 900mm×2100mm。在室内做 10mm 厚的找平层，100mm 厚混凝土垫层，面层为 600mm×600mm 地板砖面层，求其工程量。

解：

1. 块料地面现场示意图

块料地面现场示意图如图 12-10 所示。

块料面层.mp3

2. 块料地面三维立体效果图

块料地面三维立体效果图如图 12-11 所示。

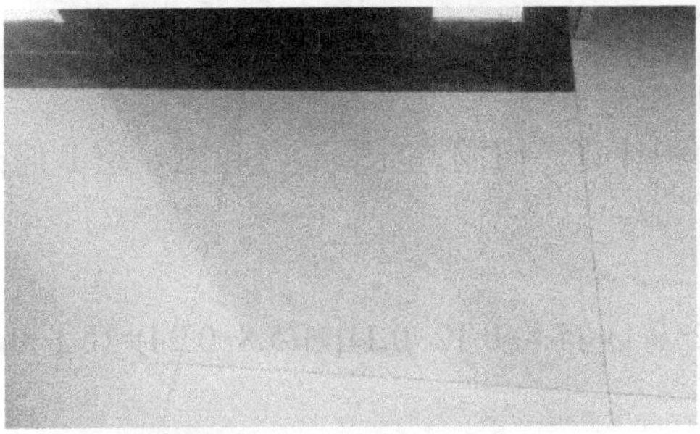

图 12-10　块料地面现场示意图

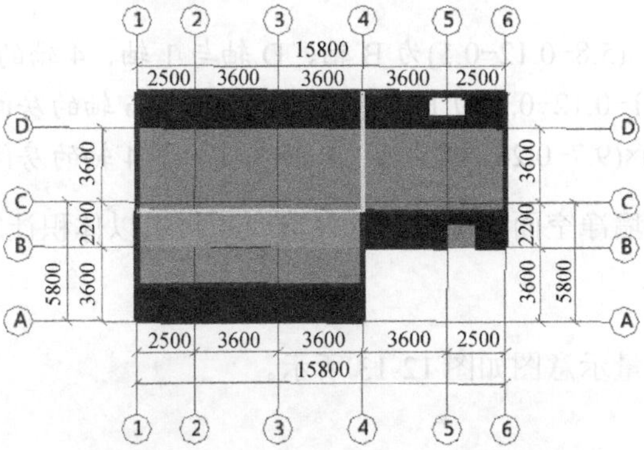

图 12-11　块料地面三维立体效果图

3. 块料地面平面图

块料地面平面图如图 12-12 所示。

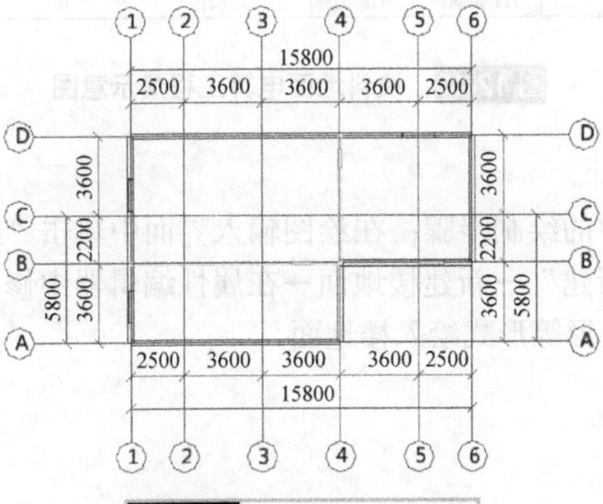

图 12-12　块料地面平面图

4. 手工清单算量

1)　工程量计算规则

按设计图示尺寸以面积计算。门洞、空圈、暖气包槽、壁龛的开口部分并入相应的工程量内。

2)　工程量计算

原始面积=[(9.7−0.12−0.1)×(5.8−0.12−0.1)]+[(5.8−0.24)×(6.1−0.12−0.1)]+[(3.6−0.12−0.1)×(9.7−0.24)]m^2=117.566m^2

块料楼地面面积=117.566+(0.9×0.2×2)+1.2×0.24m^2=118.214m^2

垫层工程量=117.566×0.1m^3 =11.7566m^3

小贴士：(9.7−0.12−0.1)×(5.8−0.12−0.1)为 B 轴、D 轴与 1 轴、4 轴的房间地面净面积。
(5.8−0.24)×(6.1−0.12−0.1)为 B 轴、D 轴与 4 轴、6 轴的房间地面净面积。
(3.6−0.12−0.1)×(9.7−0.24)为 A 轴、B 轴与 1 轴、4 轴的房间地面净面积。

地面垫层按室内主墙净空面积乘以设计厚度，工程量以体积计算。

5. 电算工程量

块料地面电算工程量示意图如图 12-13 所示。

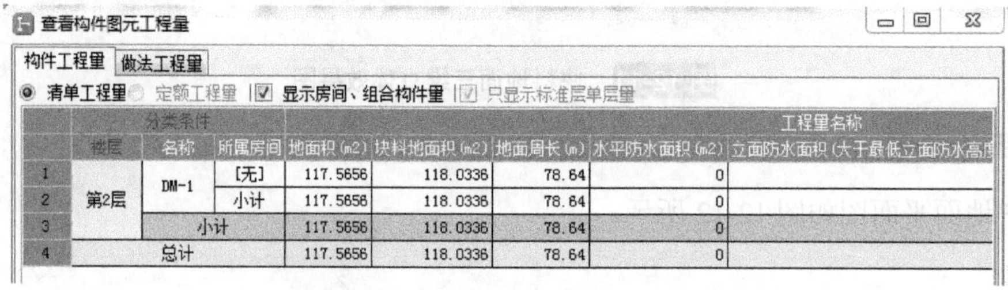
查看构件图元工程量

构件工程量　做法工程量

清单工程量　定额工程量　显示房间、组合构件量　只显示标准层单层量

	分类条件			工程量名称				
	楼层	名称	所属房间	地面积(m2)	块料地面积(m2)	地面周长(m)	水平防水面积(m2)	立面防水面积(大于最低立面防水高度
1	第2层	DM-1	[无]	117.5656	118.0336	78.64	0	
2			小计	117.5656	118.0336	78.64	0	
3		小计		117.5656	118.0336	78.64	0	
4	总计			117.5656	118.0336	78.64	0	

图 12-13　块料地面电算工程量示意图

6. 技巧分享

块料楼地面在软件中的绘制步骤：在绘图输入界面中单击“装修”→双击“楼地面”→在构件列表中单击“新建”→新建楼地面→在属性编辑器中修改楼地面的属性→单击绘图按钮以点画、直线、矩形等形式绘入楼地面。

12.3　踢脚线，墙的“鞋帮”

12.3.1　水泥砂浆材质

踢脚线.mp3

项目编码：011105001 名称：水泥砂浆踢脚线

【例 12-4】 水泥砂浆踢脚线(尺寸如图 12-16 所示)，外墙厚为 240mm，室内踢脚线为 150mm 高的水泥砂浆踢脚线，底层为 1∶3 水泥砂浆底层，面层为 1∶2 水泥砂浆，求其工程量。

解：

1. 水泥砂浆踢脚线现场示意图

水泥砂浆踢脚线现场示意图如图 12-14 所示。

图 12-14　水泥浆踢脚线现场示意图

2. 水泥砂浆踢脚线三维立体图

水泥砂浆踢脚线三维立体图如图 12-15 所示。

3. 水泥砂浆踢脚线平面图

水泥砂浆踢脚线平面图如图 12-16 所示。

4. 手工清单算量

1)　工程量计算规则

(1)　以平方米计量，按设计图示长度乘以高度，以面积计算。

(2)　以米计量，按延长米计算。

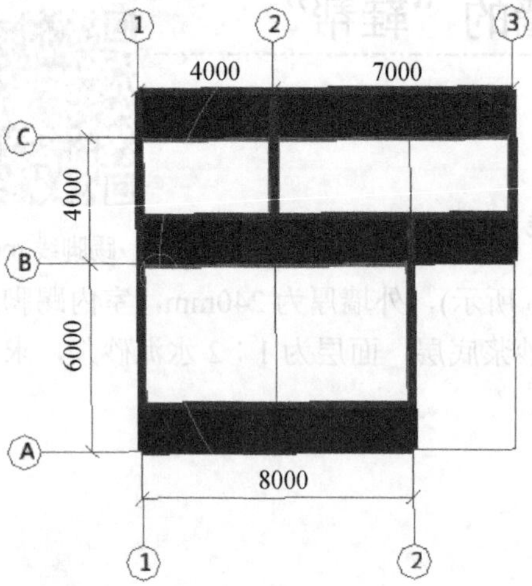

图 12-15　水泥砂浆踢脚线三维立体效果图

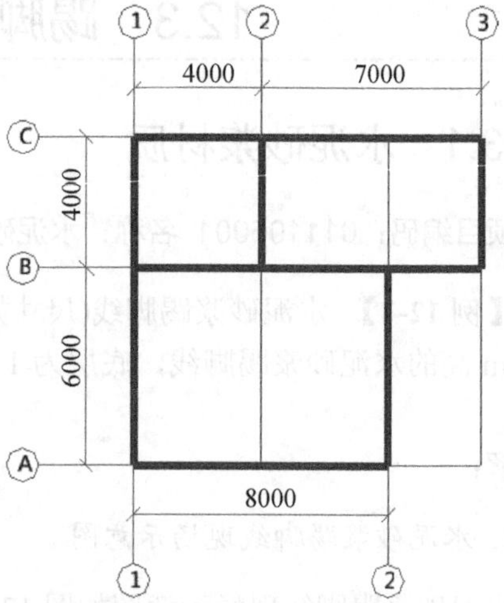

图 12-16　水泥砂浆踢脚线平面图

2)　工程量计算

(1)　以平方米计量，按设计图示长度乘以高度，以面积计算(扣除门洞口)。

S=踢脚线周长×踢脚线高度

$(6+4-0.24\times2)+(8-0.24)+(6-0.24)+(4-0.24)+(4+7-0.24\times2)+(4-0.24)\times2+(4+7-0.24\times2)+(8-0.24)$

$=63.12\times0.15\text{m}^2=9.468\text{m}^2$

(2)　以米计量，按延米计算。

$(6+4-0.24\times2)+(8-0.24)+(6-0.24)+(4-0.24)+(4+7-0.24\times2)+(4-0.24)\times2+(4+7-0.24\times2)+(8-0.24)\text{m}$

$=63.12\text{m}$

5. 电算工程量

水泥砂浆踢脚线电算工程量示意图如图 12-17 所示。

查看构件图元工程量

构件工程量　做法工程量

清单工程量　定额工程量　显示房间、组合构件量　只显示标准层单层量

	分类条件			工程量名称				
	楼层	名称	所属房间	踢脚抹灰长度(m)	踢脚块料长度(m)	踢脚抹灰面积(m2)	踢脚块料面积(m2)	柱踢脚抹灰长度(m)
1	第3层	TIJ-1	[无]	63.12	63.12	9.468	9.468	0
2			小计	63.12	63.12	9.468	9.468	0
3		小计		63.12	63.12	9.468	9.468	0
4	总计			63.12	63.12	9.468	9.468	0

图 12-17　水泥砂浆踢脚线电算工程量示意图

6. 技巧分享

踢脚在软件中的绘制步骤：在绘图输入界面中单击“装修”→双击“踢脚”→在构件列表中单击“新建”→新建踢脚→在属性编辑器中修改踢脚的属性→单击绘图以点画、两点及智能布置等方法绘入踢脚。

12.3.2 石材的材质

项目编码：011105002　　名称：石材踢脚线

【例 12-5】已知某房间开间为 5m，进深为 3.5m，墙厚为 240mm，门洞口尺寸为 900mm×2100mm，采用块料踢脚线，踢脚线高度为 150mm，试求该房间踢脚线工程量。

解：

1. 块料踢脚线现场示意图

块料踢脚线现场示意图如图 12-18 所示。

图 12-18　块料踢脚线现场示意图

2. 块料踢脚线三维立体效果图

块料踢脚线三维立体效果图如图 12-19 所示。

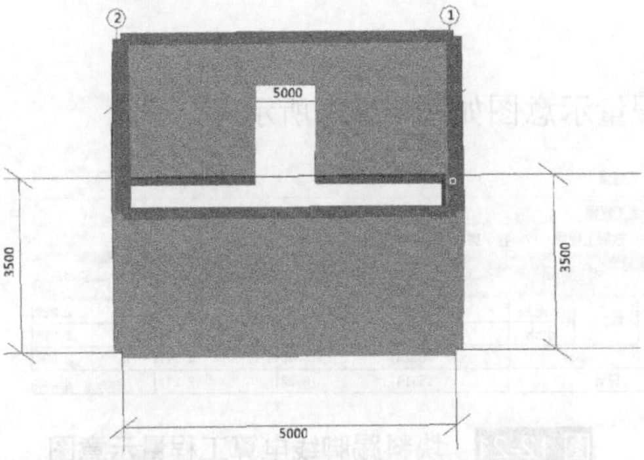

图 12-19　块料踢脚线三维立体效果图

3. 块料踢脚线平面图

块料踢脚线平面图如图 12-20 所示。

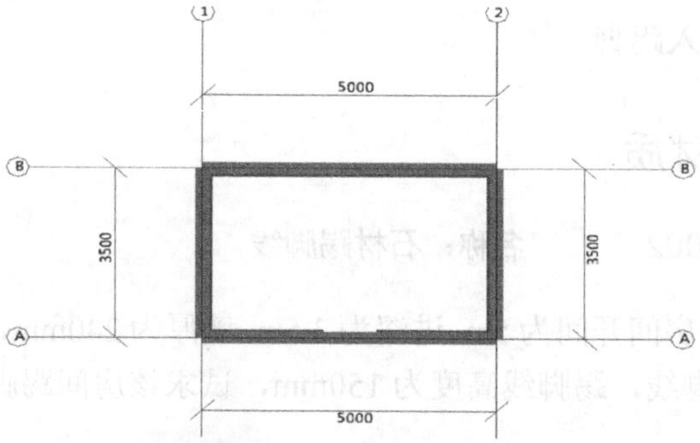

图 12-20 块料踢脚线平面图

4. 手工清单算量

1) 工程量计算规则

(1) 以平方米计量，按设计图示长度乘高度以面积计算。

(2) 以米计量，按延长米计算(扣除门洞口)。

2) 工程量计算

S=踢脚线周长×踢脚线高度=$(5\times2-0.12\times2\times2+3.5\times2-0.12\times2\times2-0.9)\times0.15\text{m}^2=2.271\text{m}^2$

L=踢脚线周长=$(5\times2-0.12\times2\times2)+(3.5\times2-0.12\times2\times2)-0.9\text{m}=15.14\text{m}$

小贴士： 5×2−0.12×2×2——①～②轴线间的长度，0.12 为半墙厚。

3.5×2−0.12×2×2——③～④轴线间的长度，0.12 为半墙厚。

0.9——门洞宽度。

5. 电算工程量

块料踢脚线电算工程量示意图如图 12-21 所示。

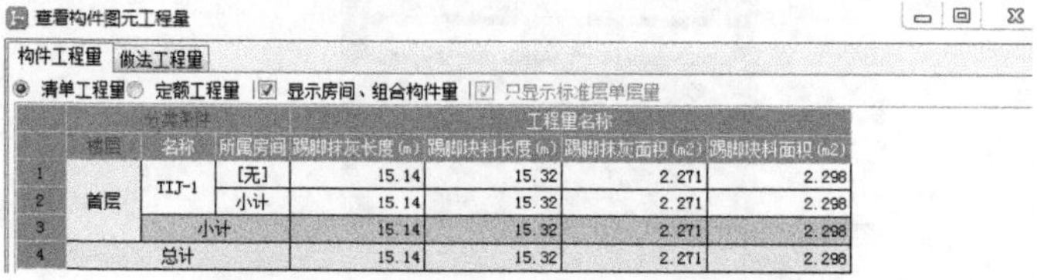

	分类条件			工程量名称			
	楼层	名称	所属房间	踢脚抹灰长度(m)	踢脚块料长度(m)	踢脚抹灰面积(m2)	踢脚块料面积(m2)
1	首层	TIJ-1	[无]	15.14	15.32	2.271	2.298
2			小计	15.14	15.32	2.271	2.298
3		小计		15.14	15.32	2.271	2.298
4	总计			15.14	15.32	2.271	2.298

图 12-21 块料踢脚线电算工程量示意图

6. 技巧分享

踢脚在软件中的绘制步骤：在绘图输入界面中单击“装修”→双击“踢脚”→在构件列表中单击“新建”→新建踢脚→在属性编辑器中修改踢脚的属性→单击绘图按钮绘入踢脚。

第12章 楼地面装饰工程.pptx

第13章 墙、柱面装饰与隔断、幕墙工程

13.1　墙要有抹灰保护层

项目编码：011201001　　　项目名称：墙面一般抹灰

【例 13-1】已知某楼层楼为框架结构，层高为 3.5m，墙厚为 200mm，墙长为 5500mm，墙宽为 15000mm，门 1 尺寸为 2000mm×2100mm，门 2 尺寸为 1500mm×2500mm，窗 1 尺寸 1100mm×1500mm，窗 2 尺寸为 1500mm×1800mm，内、外墙中抹灰，试求内、外墙抹灰工程量。

解：

抹灰.mp3

1. 内、外墙面抹灰现场示意图

内、外墙面抹灰现场示意图如图 13-1 所示。

图 13-1　内、外墙面抹灰现场示意图

2. 内、外墙面抹灰三维立体效果图

内、外墙面抹灰三维立体效果图如图 13-2 所示。

3. 内、外墙面抹灰平面图

内、外墙面抹灰平面图如图 13-3 所示。

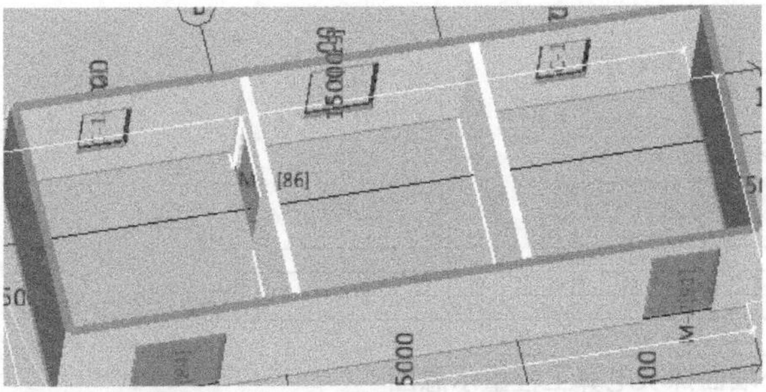

图 13-2　内、外墙面抹灰三维立体效果图

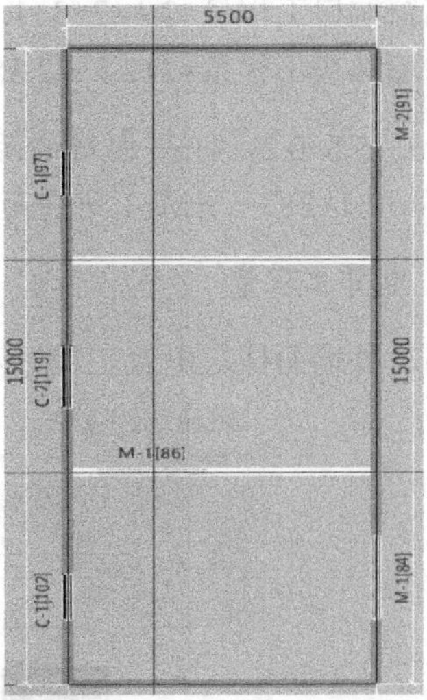

图 13-3　内、外墙面抹灰平面图

4. 手工清单算量

1)　工程量计算规则

墙面抹灰：按设计图示尺寸以面积计算。扣除墙裙、门窗洞口及单个＞0.3 m^2 的孔洞面积，不扣除踢脚线、挂镜线和墙与构件交接处的面积，门窗洞口和孔洞的侧壁及顶面不增加面积。附墙柱、梁、垛、烟筒侧壁并入相应的墙面面积内。

(1)　外墙抹灰面积按外墙垂直投影面积计算。

(2)　外墙裙抹灰面积按其长度乘以高度计算。

(3)　内墙抹灰面积按主墙间的净长乘以高度计算。

(4)　无墙裙的，高度按室内楼地面至天棚底面计算。

(5)　有墙裙的，高度按墙裙顶至天棚底面计算。

(6)　有吊顶天棚抹灰，高度算至天棚底。

(7)　内墙裙抹灰面按内墙净长乘以高度计算。

2)　工程量计算

外墙原始面积=$[(15+0.2)+(5.5+0.2)]\times2\times3.5=41.8\times3.5=146.3m^2$

门窗洞口工程量=$2\times2.1+1.5\times2.5+1.1\times1.5\times2+1.5\times1.8=13.95m^2$

外墙抹灰工程量=$146.3-13.95=132.35m^2$

内墙原始面积=$[(15-0.2-0.2\times2+5.5-0.2)\times2+(5.5-0.2)\times4]\times3.5=60.6\times3.5=212.1m^2$

门窗洞口工程量=2.1×2×3+1.5×2.5+1.1×1.5×2+1.5×1.8=22.35m^2

内墙抹灰工程量=212.1−22.35=189.75m^2

小贴士：(5.5−0.2)×4——内墙的两面抹灰。

2.1×2×3——M-1 所占面积，其中纵向墙上有 2 个，横向墙有 1 个。

5. 电算工程量

内、外墙面抹灰电算工程量示意图如图 13-4 所示。

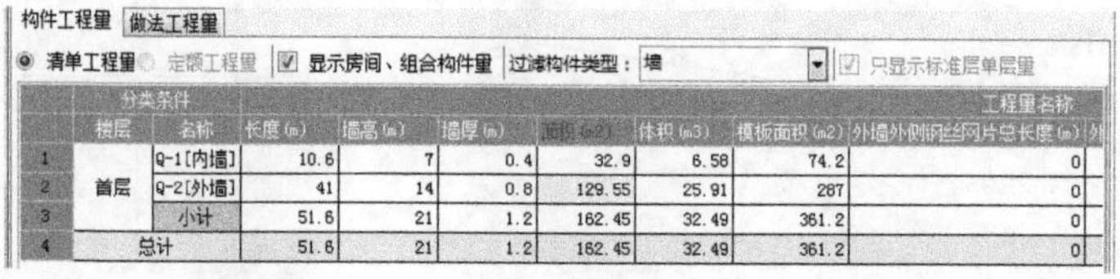

	分类条件		工程量名称						
	楼层	名称	长度(m)	墙高(m)	墙厚(m)	面积(m2)	体积(m3)	模板面积(m2)	外墙外侧钢丝网片总长度(m)
1	首层	Q-1[内墙]	10.6	7	0.4	32.9	6.58	74.2	0
2		Q-2[外墙]	41	14	0.8	129.55	25.91	287	0
3		小计	51.6	21	1.2	162.45	32.49	361.2	0
4	总计		51.6	21	1.2	162.45	32.49	361.2	0

图 13-4 内、外墙面抹灰电算工程量示意图

6. 技巧分享

(1) 墙面抹灰在软件中的绘制步骤：在绘图输入界面中单击“墙面抹灰”→在构件列表中单击“新建”→新建墙面抹灰→在属性编辑器中修改墙面抹灰的属性→在构件列表中 QM-1 上右击复制相同的墙面抹灰(可以修改属性建立不同的墙面抹灰)→单击绘图按钮绘入墙面抹灰构件。

(2) 墙面抹灰工程量计算的时候首先要考虑墙的长宽、洞口尺寸，同时结合工程量计算规则进行算量。

13.2 柱(梁)面和墙一视同仁

13.2.1 柱面一般抹灰

项目编码：011202001　　项目名称：柱面一般抹灰

【例 13-2】 某家属楼大门砌筑砖柱 1 根，砌筑砖柱块料外围尺寸为 2000mm×1000mm，柱高为 3.7m，面层水泥砂浆贴花岗岩，试求柱面抹灰工程量。

解：

1. 柱面抹灰现场示意图

柱面抹灰现场示意图如图 13-5 所示。

一般抹灰和装饰抹灰.mp3

2. 柱面抹灰三维立体效果图

柱面抹灰三维立体效果图如图 13-6 所示。

图 13-5　柱面抹灰现场示意图

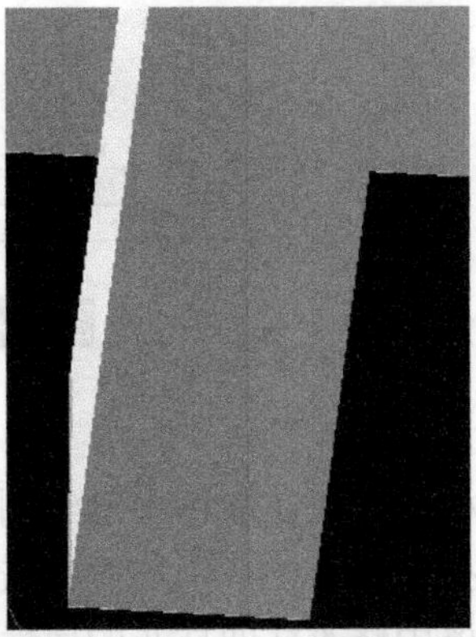

图 13-6　柱面抹灰三维立体效果图

3. 柱面抹灰平面图

柱面抹灰平面图如图 13-7 所示。

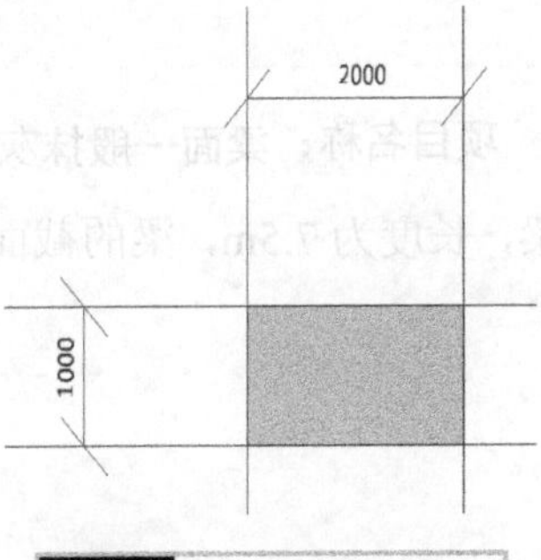

图 13-7　柱面抹灰平面图

4. 手工清单算量

1)　工程量计算规则

柱面抹灰：按设计图示柱断面周长乘以高度，以面积计算。

2)　工程量计算

$S_{柱面抹灰}$=柱断面周长×高

柱断面周长=(2+1)×2m=6m

柱面抹灰工程量=6×3.7m^2=22.2m^2

5. 电算工程量

柱面抹灰电算工程量平面图如图 13-8 所示。

◉ 清单工程量 ○ 定额工程量 ☑ 显示房间、组合构件量 过滤构件类型：柱

	分类条件		工程量名称					
	楼层	名称	周长(m)	体积(m3)	模板面积(m2)	数量(根)	高度(m)	截面面积(m2)
1	首层	KZ-1	6	7.4	22.2	1	3.7	2
2		小计	6	7.4	22.2	1	3.7	2
3	总计		6	7.4	22.2	1	3.7	2

图 13-8　柱面抹灰电算工程量平面图

6. 技巧分享

(1) 柱面抹灰在软件中的绘制步骤：在绘图输入界面中单击墙面抹灰(因为绘图列表中没有柱面抹灰这一栏，用墙面抹灰代替)→在构件列表中单击“新建”→新建柱面抹灰→在属性编辑器中修改柱面抹灰的属性→在构件列表中 ZM-1 上右击复制相同的柱面抹灰(可以修改属性建立不同的柱面抹灰)→单击绘图按钮绘入柱面抹灰构件。

(2) 柱面抹灰工程量计算的时候首先要考虑柱的尺寸，同时结合工程量计算规则进行算量。

13.2.2 梁面一般抹灰

项目编码：011202001　　　　项目名称：梁面一般抹灰

【例 13-3】 某钢筋混凝土梁，长度为 7.5m，梁的截面尺寸为 450mm×300mm，试求该梁的抹灰工程量。

解：

1. 梁面抹灰现场示意图

梁面抹灰现场示意图如图 13-9 所示。

图 13-9　梁面抹灰现场示意图

2. 梁面抹灰三维立体效果图

梁面抹灰三维立体效果图如图 13-10 所示。

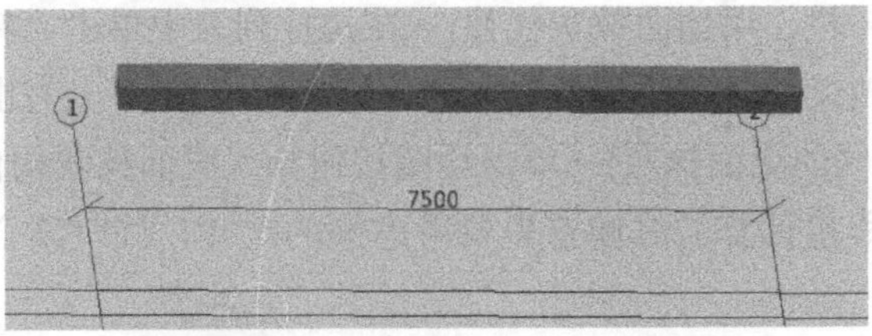

图 13-10 梁面抹灰三维立体效果图

3. 梁面抹灰平面图

梁面抹灰平面图如图 13-11 所示。

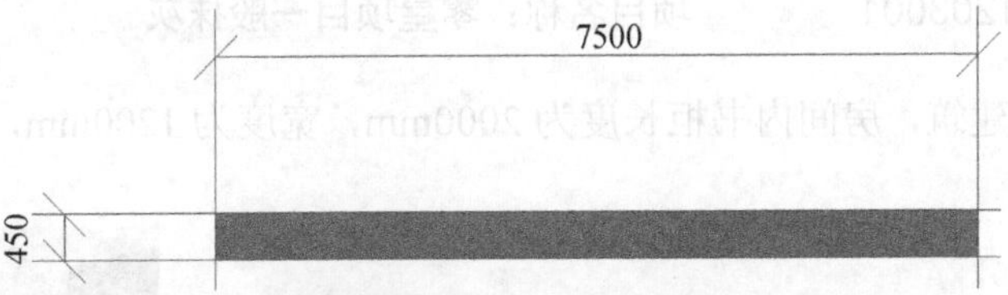

图 13-11 梁面抹灰平面图

4. 手工清单算量

1) 工程量计算规则

梁面抹灰：按设计图示梁断面周长乘以长度，以面积计算。

2) 工程量计算

$$S\text{=梁抹灰面积按柱断面周长×高}$$

梁清单工程量=$(0.3\times2+0.45\times2)\times7.5+0.3\times0.45\times2\text{m}^2=11.52\text{m}^2$

5. 电算工程量

梁面抹灰电算工程量平面图如图 13-12 所示。

◉ 清单工程量 ○ 定额工程量 ☑ 显示房间、组合构件量 ☑ 只

	分类条件		工程量名称	
	楼层	名称	单梁抹灰面积(m2)	单梁块料面积(m2)
1	首层	DLZX-1	11.52	11.52
2		小计	11.52	11.52
3	总计		11.52	11.52

图 13-12 梁面抹灰电算工程量平面图

6. 技巧分享

(1) 梁面抹灰在软件中的绘制步骤：在绘图输入界面中单击“墙面抹灰”(因为绘图列表中没有梁面抹灰这一栏，用墙面抹灰代替)→在构件列表中单击“新建”→新建梁面抹灰→在属性编辑器中修改梁面抹灰的属性→在构件列表中 LM-1 上右击复制相同的梁面抹灰(可以修改属性建立不同的梁面抹灰)→单击绘图按钮绘入梁面抹灰构件。

(2) 梁面抹灰工程量计算的时候首先要考虑梁的尺寸，同时结合工程量计算规则进行算量。

13.3 犄角旮旯都要涂

项目编码：011203001　　项目名称：零星项目一般抹灰

【例 13-4】某建筑，房间内书柜长度为 2000mm，宽度为 1200mm，试求书柜后墙面的抹灰工程量。

解：

1. 书柜零星抹灰现场图

书柜零星抹灰现场图如图 13-13 所示。

图 13-13　书柜零星抹灰现场图

2. 手工清单算量

1) 工程量计算规则

零星抹灰定义：是指各种壁柜、碗柜、书柜、过人洞、池槽花台、挑沿、天沟、雨篷的周边，展开宽度超过 300mm 的腰线、窗台板、门窗套、压顶、扶手，立面高度小于 500mm 的遮阳板，栏板以及单件面积在 $1m^2$ 以内的零星项目。

按设计图示尺寸以面积计算。

2) 工程量计算

零星抹灰工程量 $=2\times1.2m^2=2.4m^2$

13.4　墙面块料面层

项目编码：011204001　　　项目名称：石材墙面

【例 13-5】 某建筑在大厅墙面上镶嵌大理石装饰的尺寸为 15000mm×3000mm，试求墙面块料面层工程量。

解：

1. 墙面块料面层现场示意图

墙面块料面层现场示意图如图 13-14 所示。

图 13-14　墙面块料面层现场示意图

2. 墙面块料面层三维立体效果图

墙面块料面层三维立体效果图如图 13-15 所示。

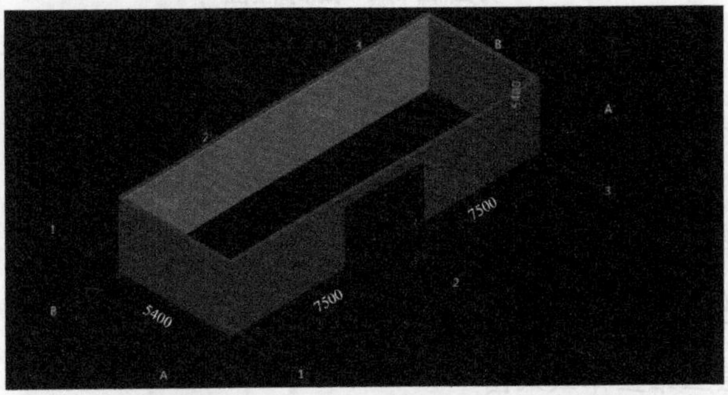

图 13-15　墙面块料面层三维立体效果图

3. 墙面块料面层平面图

墙面块料面层平面图如图 13-16 所示。

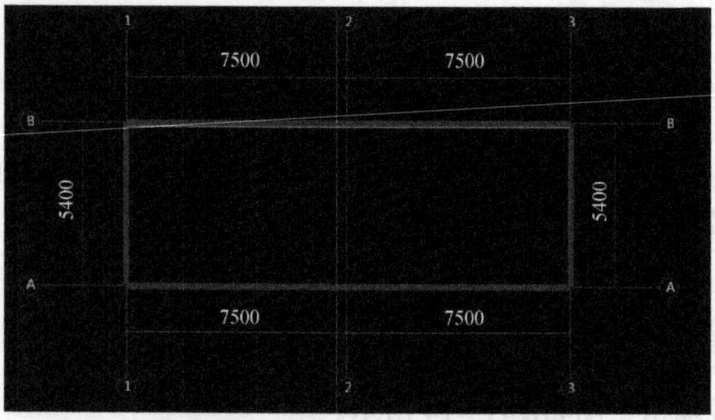

图 13-16 墙面块料面层平面图

4. 手工清单算量

1) 工程量计算规则

石材墙面——按镶贴表面积计算。

2) 工程量计算

墙面块料面层工程量=15×3m^2=45m^2

13.5 柱(梁)面镶贴块料

项目编码：011205001　　　　项目名称：石材柱面

【例 13-6】某建筑，独柱镶嵌大理石，块料外围尺寸为 2000mm×1000mm，柱高为 3.7m，试求柱面块料面层工程量。

解：

1. 柱面块料面层现场示意图

柱面块料面层现场示意图如图 13-17 所示。

2. 柱面块料面层三维立体效果图

柱面块料面层三维立体效果图如图 13-18 所示。

图 13-17　柱面块料面层现场示意图

图 13-18　柱面块料面层三维立体效果图

3. 柱面块料面层平面示意图

柱面块料面层平面示意图如图 13-19 所示。

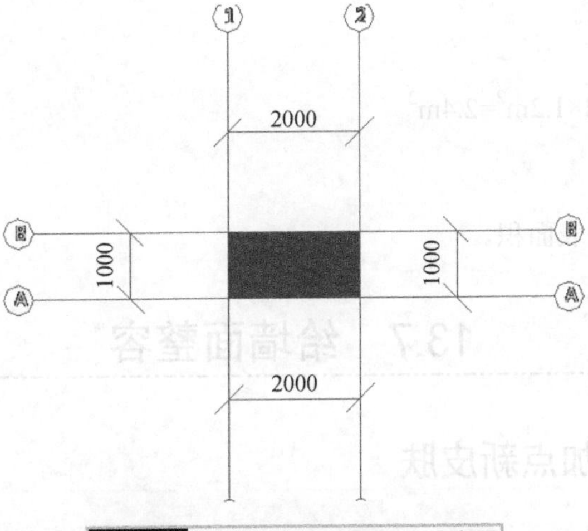

图 13-19　柱面块料面层平面示意图

4. 手工清单算量

1)　工程量计算规则

柱面镶贴块料有石材柱面——按镶贴表面积计算。

2)　工程量计算

柱断面周长=(2+1)×2m=6m

柱面块料面层工程量=6×3.7m^2=22.2m^2

5. 技巧分享

注意计算规则，周长乘以柱高。

13.6 边边角角都要镶贴块料

项目编码：011206001　　项目名称：石材零星项目

【例 13-7】 某建筑，房间内有长度为2000mm，宽度为1200mm的大理石拼贴画，试求镶贴零星块料工程量。

解：

1. 手工清单算量

1) 计算规则

按镶贴表面积计算。

2) 工程量计算

零星块料工程量=$2\times1.2m^2=2.4m^2$

2. 技巧分享

书柜面积等于镶贴表面积。

13.7 给墙面整容

13.7.1 墙面上加点新皮肤

项目编码：011207001　　项目名称：墙面装饰板

【例 13-8】 已知某房间开间为9m，进深为5.4m，墙厚为240mm，门洞口尺寸为1000mm×2100mm，窗洞口尺寸为1500mm×1800mm，层高3m，采用人造装饰板墙板，试求该房间墙板工程量。

解：

1. 人造装饰板墙板现场示意图

人造装饰板墙板现场示意图如图13-20所示。

图 13-20 人造装饰板墙板现场示意图

2. 装饰板三维立体效果图

装饰板三维立体效果图如 13-21 所示。

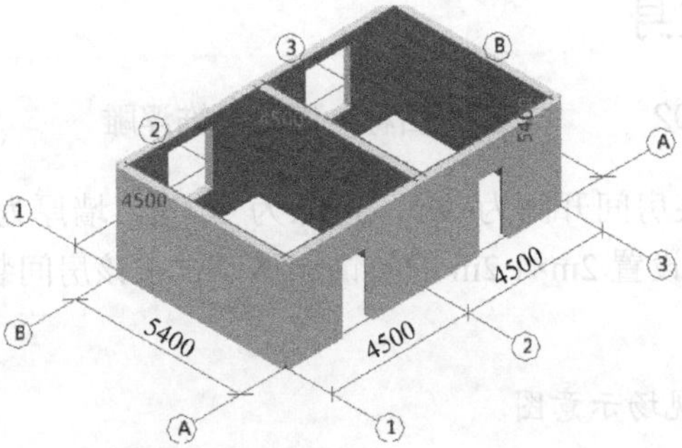

13-21 装饰板三维立体效果图

3. 墙面装饰板平面图

墙面装饰板平面图如图 13-22 所示。

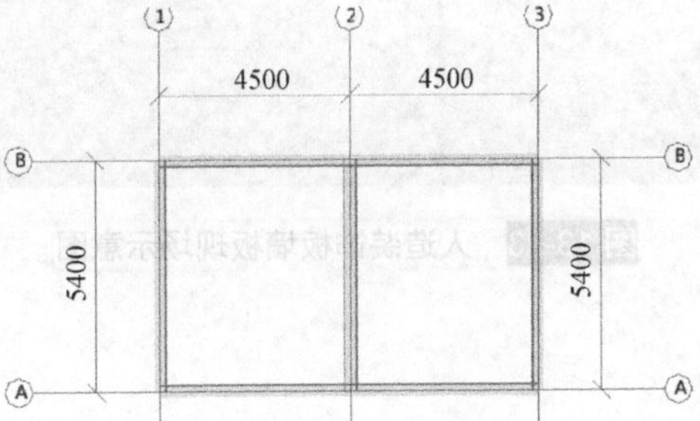

图 13-22 墙面装饰板平面图

4. 手工清单算量

1) 工程量计算规则

(1) 计算规则：按设计图示墙净长乘以净高，以面积计算。扣除门窗洞口及单个＞$0.3m^2$的孔洞所占面积。

(2) 按设计图示尺寸以面积计算。

2) 工程量计算

内墙原始面积：$[(4.5-0.24)\times2+(5.4-0.24)\times2]\times3\times2=18.84\times3\times2=113.04m^2$

门窗洞口工程量：$(1\times2.1+1.5\times1.8)\times2=9.6m^2$

房间墙板装饰工程量：$113.04-9.6=103.44m^2$

13.7.2 墙面会文身

项目编码：011207002　　　　项目名称：墙面装饰浮雕

【例 13-9】 已知某房间开间为 9m，进深为 5.4m，墙厚为 240mm，门洞口尺寸为 1000mm×2100mm，墙中设置 2m×1.2m 的装饰浮雕，试求该房间装饰浮雕工程量。

解：

1. 人造装饰板墙板现场示意图

人造装饰板墙板现场示意图如图 13-23 所示。

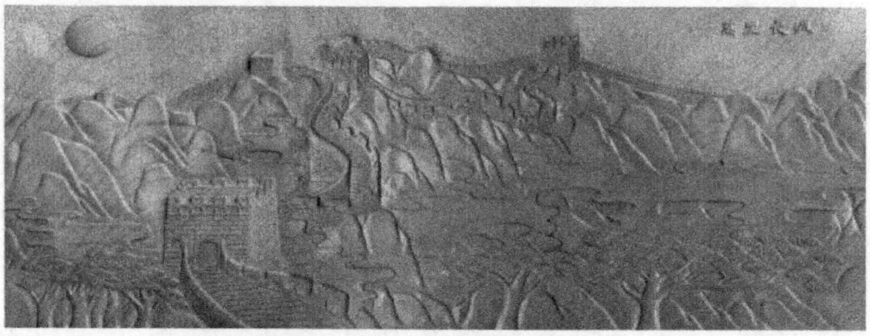

图 13-23 人造装饰板墙板现场示意图

2. 手工清单算量

1) 工程量计算规则

按设计图示尺寸以面积计算。

2) 工程量计算

以平方米计量，按设计图示长度乘以高度，以面积计算。

$$S_{人造装饰板}=长\times宽=2\times1.2m^2=2.4m^2$$

13.8 柱(梁)换新装

13.8.1 柱(梁)面装饰

项目编码：011208001 项目名称：柱(梁)面装饰

【例 13-10】 室内柱尺寸为 600mm×600mm，柱高度为 3m，进行柱面装修，试求柱面装修面积。

解：

1. 柱面装修示意图

柱面装修示意图如图 13-24 所示。

图 13-24 柱面装修示意图

2. 手工算量清单

1) 工程量计算规则

按设计图示饰面外围尺寸以面积计算。柱帽、柱墩并入相应柱饰面工程量内。

2) 工程量计算

$$S=柱截面周长×长=0.6×4×3=7.2\text{m}^2$$

13.8.2 成品装饰柱

项目编码：011208002 项目名称：成品装饰柱

【例 13-11】 某大堂装修需要成品装饰柱 8 根，尺寸为 800mm×800mm，柱高度为 3m，试求成品装饰柱工程量。

解：

1. 柱面装修示意图

柱面装修示意图如图 13-25 所示。

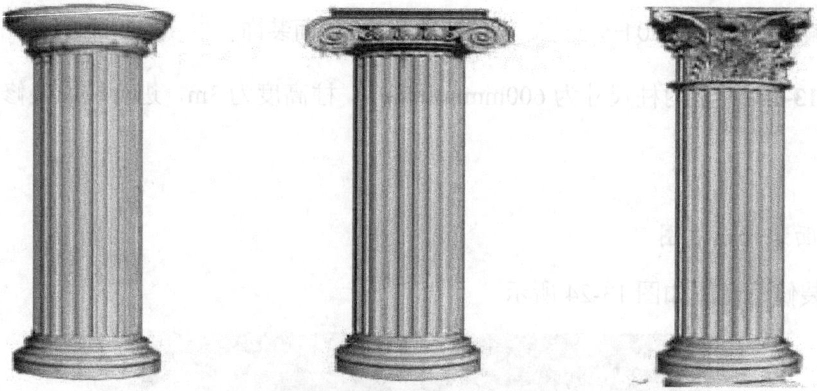

图 13-25 柱面装修示意图

2. 手工算量清单

1) 工程量计算规则

以根计量，按设计数量计算；以米计量，按设计长度计算。

2) 工程量计算

(1) 按设计数量计算。

柱根数=8

(2) 按设计长度计算。

柱长度=8×3m=24m

13.9 建筑的外衣幕墙工程

项目编码：011209001　　项目名称：带骨架幕墙

【例 13-12】 某大楼外墙采用带骨架幕墙进行装修，楼层高为 3m，楼长度为 9m，宽度为 5.4m，门洞口尺寸为 1000mm×2100mm，试求幕墙面积工程量。

玻璃幕墙.mp3

解：

1. 幕墙装修示意图

幕墙装修示意图如图 13-26 所示。

图 13-26 幕墙装修示意图

2. 幕墙三维立体效果图

幕墙三维立体效果图如图 13-27 所示。

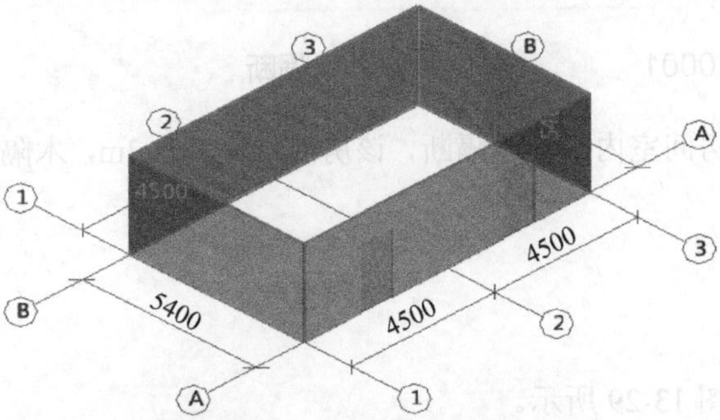

图 13-27 幕墙三维立体效果图

3. 幕墙平面图

幕墙平面图如图 13-28 所示。

4. 手工算量清单

1) 工程量计算规则

按设计图示框外围尺寸以面积计算。与幕墙同种材质的窗所占面积不扣除。

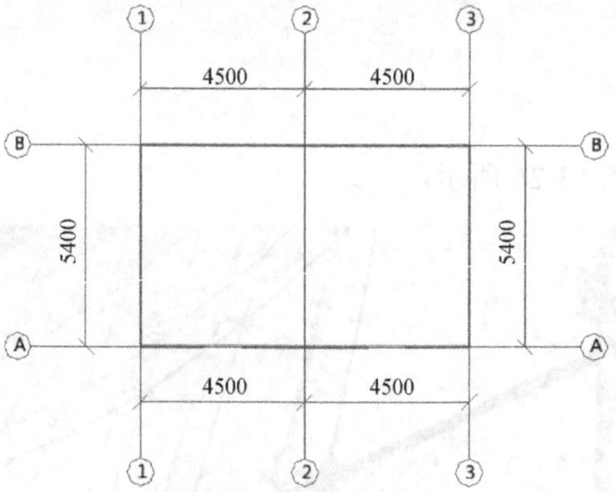

图 13-28　幕墙平面图

2)　工程量计算

$$S=(9\times3+5.4\times3)\times2-1\times2.1\times2\text{m}^2=82.2\text{m}^2$$

13.10　私密空间的助手君

13.10.1　高雅的木隔断

项目编码：011210001　　　　项目名称：木隔断

【例 13-13】 某房间室内采用木隔断，该房间层高为 3.2m，木隔断长度为 4m，试求木隔断工程量。

解：

1. 木隔断示意图

隔断.mp3

木隔断示意图如图 13-29 所示。

图 13-29　木隔断示意图

2. 手工算量清单

1)　工程量计算规则

按设计图示框外围尺寸以面积计算。不扣除单个≤$0.3m^2$的孔洞所占面积；浴厕门的材质与隔断相同时，门的面积并入隔断面积内。

2)　工程量计算

$$S=3.2\times4m^2=12.8m^2$$

13.10.2 科技感的金属隔断

项目编码：011210002　　项目名称：金属隔断

【例 13-14】某房间室内厕所采金属隔断，该房间层高为 3.2m，金属隔断长度为 4m，厕所门为金属门，尺寸为 0.8m×2m，试求金属隔断工程量。

解：

1. 金属隔断示意图

金属隔断示意图如图 13-30 所示。

图 13-30　金属隔断示意图

2. 手工算量清单

1)　工程量计算规则

按设计图示框外围尺寸以面积计算。不扣除单个≤$0.3m^2$的孔洞所占面积；浴厕门的材质与隔断相同时，门的面积并入隔断面积内。

2)　工程量计算

$$S=3.2\times4m^2=12.8m^2$$

13.10.3 实用的玻璃隔断

项目编码：011210003　　　　项目名称：玻璃隔断

【例 13-15】 某办公大楼办公区域采用玻璃隔断，该房间层高为 2.9m，玻璃隔断长度为 8m，门尺寸为 1m×2.1m，门材质为玻璃隔断，试求该玻璃隔断工程量。

解：

1. 玻璃隔断示意图

玻璃隔断示意图如图 13-31 所示。

图 13-31 玻璃隔断示意图

2. 手工算量清单

1)　工程量计算规则

按设计图示框外围尺寸以面积计算。不扣除单个≤$0.3m^2$ 的孔洞所占面积。

2)　工程量计算

$$S=2.9\times 8m^2=23.2m^2$$

13.10.4 轻便的塑料隔断

项目编码：011210004　　　　项目名称：塑料隔断

【例 13-16】 某办公大楼办公区域采用塑料隔断，该房间层高为 2.9m，塑料隔断长度为 8m，试求该塑料隔断工程量。

解：

1. 塑料隔断示意图

塑料隔断示意图如图 13-32 所示。

图 13-32　塑料隔断示意图

2. 手工算量清单

1)　工程量计算规则

按设计图示框外围尺寸以面积计算。不扣除单个≤0.3 m^2 的孔洞所占面积。

2)　工程量计算

$$S=2.9\times8\text{m}^2=23.2\text{m}^2$$

13.10.5　成品隔断

项目编码：011210005　　项目名称：成品隔断

【例 13-17】 某办公大楼办公区域采用成品隔断，该房间层高为 2.9m，成品隔断长度为 8m，房间数为 4 间，试求该塑料隔断工程量。

解：

1. 成品隔断示意图

成品隔断示意图如图 13-33 所示。

图 13-33　成品隔断示意图

2. 手工算量清单

1)　工程量计算规则

(1)　以平方米计量，按设计图示框外围尺寸以面积计算。

(2)　以间计量，按设计间的数量计算。

2)　工程量计算

(1)　按设计图示框外围尺寸以面积计算。

$$S=2.9\times8\times4\text{m}^2=92.8\text{m}^2$$

(2)　按设计间的数量计算。

设计间的数量=4

第 13 章　墙、柱面装饰与隔断幕墙工程.ppt

第14章 高高在上的天棚工程

14.1　给天棚擦“粉”

14.1.1　无梁顶棚

项目编码：011301001　　　　项目名称：天棚抹灰

天棚工程.mp4

天棚抹灰.mp3

【例 14-1】 某办公楼平面图如图 14-3 所示，天棚基层类型为混凝土现浇板，抹灰厚度为 5mm，用 1∶2 的水泥砂浆，墙厚为 200mm，计算天棚抹灰的工程量。

解：

1. 天棚抹灰现场示意图

天棚抹灰现场示意图如图 14-1 所示。

图 14-1　天棚抹灰现场示意图

2. 天棚抹灰三维立体效果图

天棚抹灰三维立体效果图如图 14-2 所示。

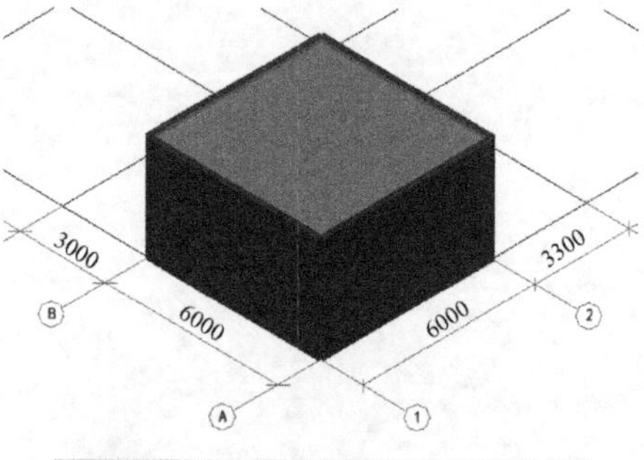

图 14-2　天棚抹灰三维立体效果图

3. 天棚抹灰平面图

天棚抹灰平面图如图 14-3 所示。

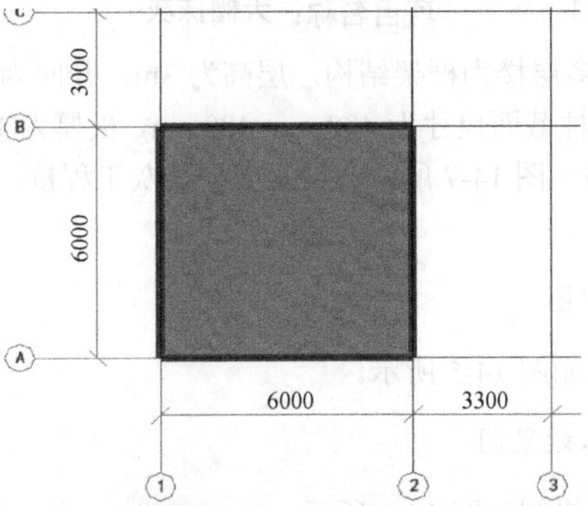

图 14-3　天棚抹灰平面图

4. 手工清单算量

1)　工程量计算规则

天棚抹灰：按设计图示尺寸以水平投影面积计算。不扣除间壁墙、垛、柱、附墙烟筒、检查口和管道所占的面积，带梁天棚、梁两侧抹灰面积并入天棚面积内，板式楼梯底面抹灰按斜面积计算，锯齿形楼梯底板抹灰按展开面积计算。

2)　工程量计算

$$S=\text{长}\times\text{宽}=(6-0.2)\times(6-0.2)\text{m}^2=33.64\text{m}^2$$

5. 电算工程量

天棚抹灰电算工程量示意图如图 14-4 所示。

	分类条件			工程量名称					
	楼层	名称	所属房间	天棚抹灰面积(m2)	天棚装饰面积(m2)	梁抹灰面积(m2)	满堂脚手架面积(m2)	天棚周长(m)	天棚投影面积(m2)
1	首层	TP-1	[无]	33.64	33.64	0	33.64	22.8	33.64
2			小计	33.64	33.64	0	33.64	22.8	33.64
3		小计		33.64	33.64	0	33.64	22.8	33.64
4	总计			33.64	33.64	0	33.64	22.8	33.64

图 14-4　天棚抹灰电算工程量示意图

6. 技巧分享

天棚在软件中的绘制步骤：在绘图输入界面中单击“装修”→在装修输入中单击“天棚”→在构件列表中单击“新建”→新建天棚→单击绘图按钮绘入天棚构件。

14.1.2 有梁顶棚

项目编码：011301001　　　项目名称：天棚抹灰

【例 14-2】 已知某多层楼为框架结构，层高为 3m，开间为 5m，纵深为 5m，梁截面尺寸为 200mm×400mm，柱截面尺寸为 400mm×400mm，板厚为 100mm，墙厚为 200mm 均位于轴线居中。如图 14-5～图 14-7 所示，试求天棚抹灰工程量。

解：

1. 天棚抹灰现场示意图

天棚抹灰现场示意图如图 14-5 所示。

2. 天棚抹灰三维立体效果图

天棚抹灰三维立体效果图如图 14-6 所示。

图 14-5　天棚抹灰现场示意图

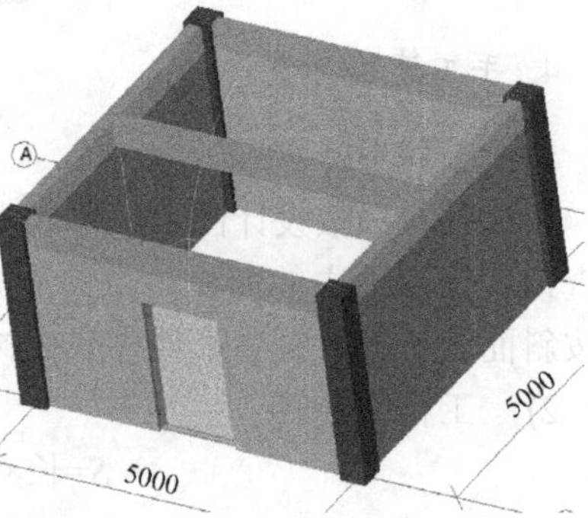

图 14-6　天棚抹灰三维立体效果图

3. 天棚抹灰平面图

天棚抹灰平面图如图 14-7 所示。

4. 手工清单算量

1)　工程量计算规则

天棚抹灰：按设计图示尺寸以水平投影面积计算。

注：不扣除间壁墙、垛、柱、附墙烟筒、检查口和管道所占的面积，带梁天棚、梁两侧抹灰面积并入天棚面积内，板式楼梯底面抹灰按斜面积计算，锯齿形楼梯底板抹灰按展开面积计算。

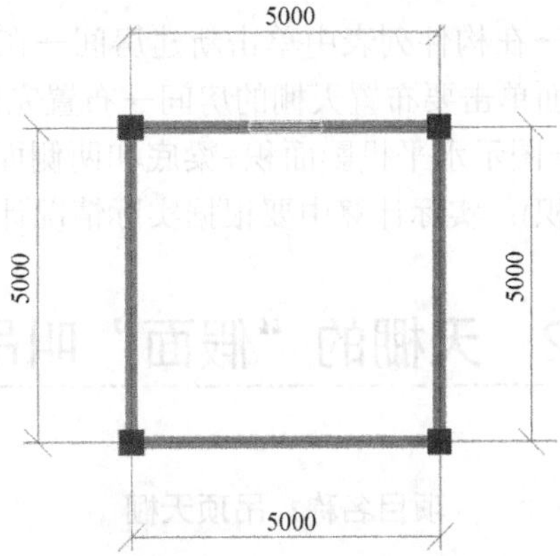

图 14-7　天棚抹灰平面图

2)　工程量计算

S=设计图示尺寸水平投影面积+梁两侧抹灰面积(不扣除间壁墙、垛、柱、附墙烟筒、检查口和管道所占的面积)

$=4.8\times4.8+4.8\times0.3\times2=25.92\text{m}^2$

小贴士：4.8×4.8——房间净尺寸。

4.8×0.3×2——梁两侧面积。

5. 电算工程量

天棚抹灰电算工程量示意图如图 14-8 所示。

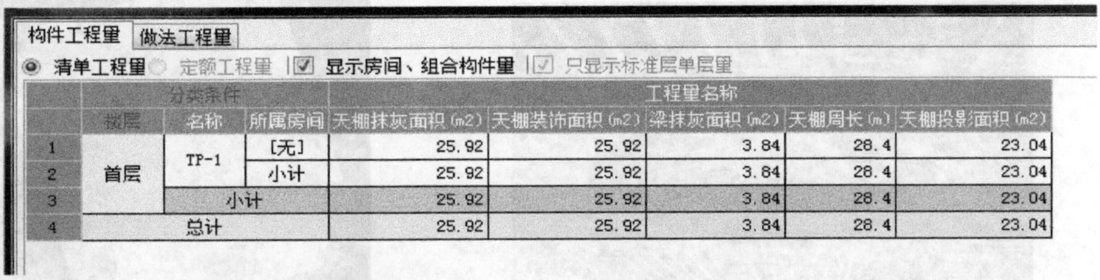

构件工程量　做法工程量

◉ 清单工程量 ○ 定额工程量 | ☑ 显示房间、组合构件量 | ☑ 只显示标准层单层量

	分类条件			工程量名称				
	楼层	名称	所属房间	天棚抹灰面积(m2)	天棚装饰面积(m2)	梁抹灰面积(m2)	天棚周长(m)	天棚投影面积(m2)
1	首层	TP-1	[无]	25.92	25.92	3.84	28.4	23.04
2			小计	25.92	25.92	3.84	28.4	23.04
3		小计		25.92	25.92	3.84	28.4	23.04
4	总计			25.92	25.92	3.84	28.4	23.04

图 14-8　天棚抹灰电算工程量示意图

6. 技巧分享

(1)　天棚抹灰在软件中的绘制步骤：在绘图输入界面中单击装修中的天棚→在构件列表中单击“新建”→新建天棚→在属性编辑器中修改天棚的属性→在构件列表中 TP-1 上右击复制相同的天棚(可以修改属性建立不同的天棚)→单击绘图按钮进去绘图截面→选择点布置→单击要布置房间的板(也可以画线布置)。

(2) 单击装修中的房间→在构件列表中单击新建房间→在构件类型中单击天棚→单击新建天棚构件→进去绘图截面单击要布置天棚的房间→布置完成。

(3) 软件计算规则为 S=图示水平投影面积+梁底和两侧面积-悬空梁面积(面积为天棚投影面积与悬空梁重叠的面积)；实际计算中要根据实际情况计算调整。

14.2　天棚的“假面”叫吊顶

项目编码：011302001　　　　项目名称：吊顶天棚

【例 14-3】 已知某多层楼为框架结构，层高为 3m，开间为 5m，纵深为 5m，梁截面尺寸为 200mm×400mm，柱截面尺寸为 400mm×400mm，板厚为 100mm，房间墙角有尺寸为 300mm×300mm 的烟道，墙厚为 200mm，均位于轴线居中，试求吊顶天棚工程量。

解：

天棚吊顶.mp4　　吊顶.mp3

1. 吊顶天棚现场示意图

吊顶天棚现场示意图如图 14-9 所示。

2. 吊顶天棚三维立体效果图

吊顶天棚三维立体效果图如图 14-10 所示。

图 14-9　吊顶天棚现场示意图

图 14-10　吊顶天棚三维立体效果图

3. 吊顶天棚平面图

吊顶天棚平面图如图 14-11 所示。

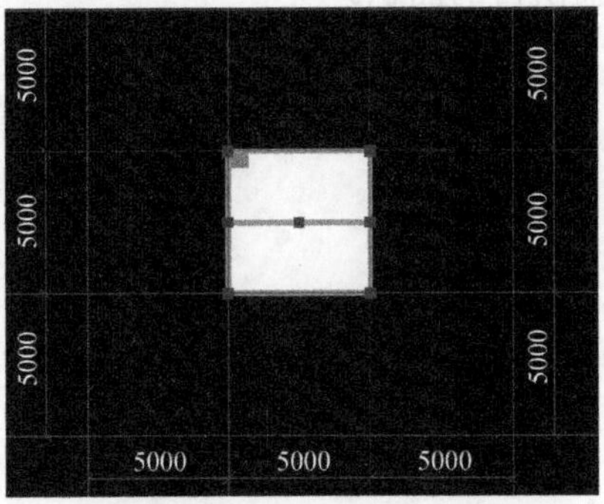

图 14-11 吊顶天棚平面图

4. 手工清单算量

1) 工程量计算规则

天棚抹灰：按设计图示尺寸以水平投影面积计算。天棚面中的灯槽及跌级、锯齿形、吊挂式、藻井式天棚面积不展开计算。

注：不扣除间壁墙、检查口、附墙烟筒、柱垛和管道所占面积，扣除单个＞$0.3m^2$ 的孔洞、独立柱及与天棚相连的窗帘盒所占的面积。

2) 工程量计算

S=设计图示尺寸水平投影面积−大于 $0.3m^2$ 的孔洞、独立柱及与天棚相连的窗帘盒所占的面积(不扣除间壁墙、检查口、附墙烟筒、柱垛和管道所占面积)

$=4.8\times4.8=23.04m^2$

小贴士：4.8×4.8——房间净尺寸。

5. 电算工程量

吊顶天棚电算工程量示意图如图 14-12 所示。

构件工程量 做法工程量

清单工程量 定额工程量 ☑ 显示房间、组合构件量 ☑ 只显示标准层单层量

	分类条件			工程量名称	
	楼层	名称	所属房间	吊顶面积(m2)	吊顶周长(m)
1	首层	DD-1	FJ-1	23.04	28.8
2			小计	23.04	28.8
3		小计		23.04	28.8
4	总计			23.04	28.8

图 14-12 吊顶天棚电算工程量示意图

6. 技巧分享

不扣除间壁墙、检查口、附墙烟筒、柱垛和管道所占面积，扣除单个＞$0.3m^2$ 的孔洞、独立柱及与天棚相连的窗帘盒所占的面积。

第 14 章 天棚工程.ppt

第15章 进入油漆、涂料、裱糊的玩法

15.1　金属面油漆

项目编码：011405001　　　　项目名称：金属面油漆

【例 15-1】 已知某一层简易钢结构由钢梁和钢柱组成，设计说明明确表明要做防火除锈，要刷两道道环氧富锌底漆，要求厚度不小于 80um，(钢材质全为 Q345，焊接连接)室内底标高±0.00。首层层高为+3.50m，如图 15-2 所示为钢结构平法施工图，钢梁为 H 型钢梁规格：H500×200×10×16；钢柱为空腹钢柱规格：B300×10×10，请求出环氧富锌底漆的工程量。(小数点后保留两位)

比重换算表：

换算格式	材料及规格	
	H 型钢梁规格：H500×200×10×16	空腹钢柱规格：B300×10×10
理论重量：kg/m^3	7850	7850
单位重量：kg/m	86.978	91.06

规格：H500×200×10×16 的型钢梁。

解：

1. 钢结构现场示意图

钢结构现场示意图如图 15-1 所示。

金属面油漆.mp3

图 15-1　钢结构现场示意图

2. 钢结构三维立体效果图

钢结构三维立体效果图如图 15-2 所示。

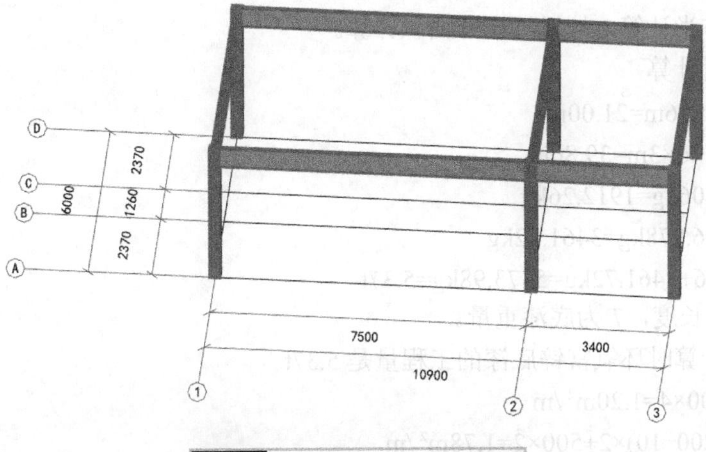

图 15-2　钢结构三维立体效果图

3. 钢结构平面图

钢结构平面图如图 15-3 所示。

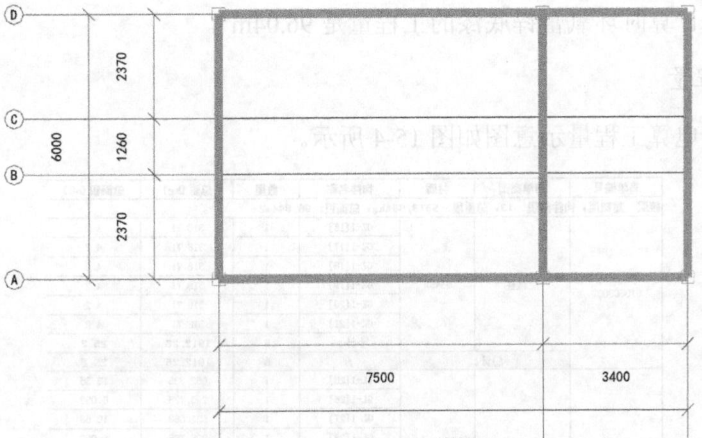

图 15-3　钢结构平面图

4. 手工清单算量

1)　工程量计算规则

(1)　以吨位计算，按设计图尺寸以质量计算。

(2)　以平方米计算，按设计展开面积计算。

2)　工程量计算

(1)　$L_{柱}$=3.5×6m=21.00m

$L_{梁}$=10.9×2+6×3m=39.80m

$T_{柱}$=21×91.06kg=1912.26kg

$T_{梁}$=39.8×86.978kg=3461.72kg

$T_{总}$=1912.26+3461.72kg=5373.98kg=5.37t

L 为构件的长度，*T* 为底漆重量。

即以吨位计算时环氧富锌底漆的工程量是 5.37t。

(2)　$Z_{柱}$=300×4=1.20m^2/m

$Z_{梁}$=(200+200−10)×2+500×2=1.78m^2/m

$L_{柱}$=3.5×6m=21.00m

$L_{梁}$=10.9×2+6×3m=39.80m

$S_{总}$=21×1.2+39.8×1.78m=96.04m^2

Z 为构件表面积周长，*S* 为构件表面积。

即以平方米计算时环氧富锌底漆的工程量是 96.04m^2。

5. 电算工程量

金属面油漆电算工程量示意图如图 15-4 所示。

清单编号	清单类型	材质	构件名称	数量	总重(kg)	总面积(m2)
楼层：基础层，构件数量：13，总重量：5373.984kg，总面积：96.044m2						
010603002	空腹柱	Q345B	GZ-1[16]	1	318.71	4.2
			GZ-1[17]	1	318.71	4.2
			GZ-1[18]	1	318.71	4.2
			GZ-1[19]	1	318.71	4.2
			GZ-1[20]	1	318.71	4.2
			GZ-1[21]	1	318.71	4.2
			小计：	6	1912.26	25.2
	总计：		/	6	1912.26	25.2
010604001	钢梁	Q345B	GL-1[25]	1	652.335	13.35
			GL-1[26]	1	295.725	6.052
			GL-1[27]	1	521.868	10.68
			GL-1[28]	1	295.725	6.052
			GL-1[29]	1	652.335	13.35
			GL-1[30]	1	521.868	10.68
			GL-1[31]	1	521.868	10.68
			小计：	7	3461.724	70.844
	总计：		/	7	3461.724	70.844

图 15-4　金属面油漆电算工程量示意图

6. 技巧分享

注意图纸单位量的尺寸，如果以吨位计算，按设计图尺寸以质量计算，如果以平方米计算，按设计展开面积计算。

第一遍喷漆视频.mp4

15.2 抹灰面油漆

项目编码：011406001 项目名称：抹灰面油漆

【例 15-2】 某工程如图 15-6 所示尺寸，内墙面刷乳胶漆两遍，墙高为 3m，窗的尺寸为 1.5m×1.8m，门的尺寸为 1m×2.1m，墙厚为 240mm，计算其工程量。

解：

1. 施工现场图

施工现场图如图 15-5 所示。

图 15-5 现场实物图

2. 施工三维立体效果图

施工三维立体效果图如图 15-6 所示。

3. 施工平面图

施工平面图如图 15-7 所示。

4. 手算工程量

1) 计算规则

按设计图示尺寸以面积计算。

2)　工程量计算

$$[2\times(6-0.24+1.8\times2+1-0.24)\times3-1.5\times1.8-1.0\times2.1]m^2=55.92m^2$$

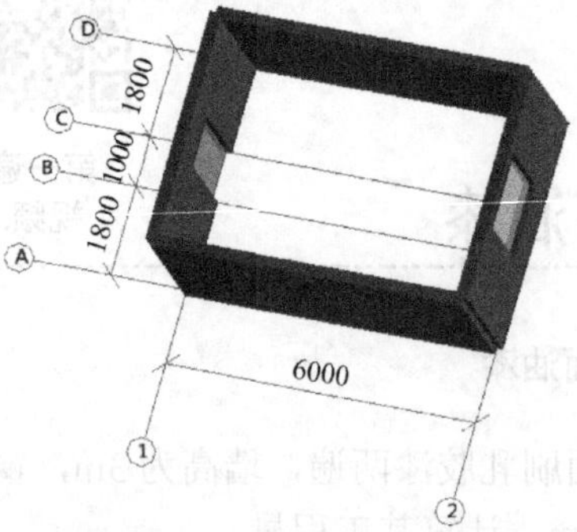

图 15-6　施工三维立体效果图

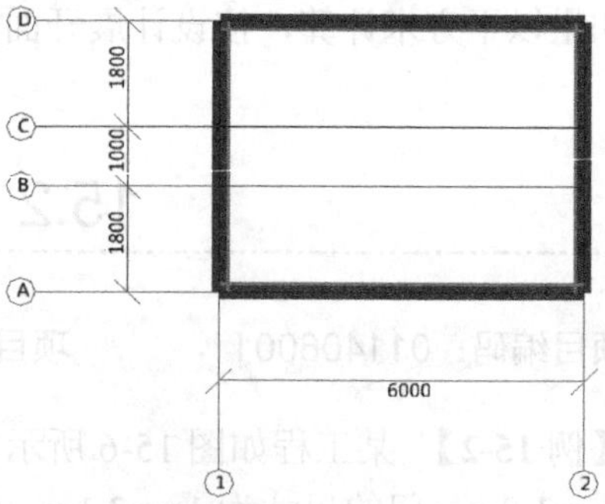

图 15-7　施工平面图

5. 电算工程量

施工电算工程量示意图如图 15-8 所示。

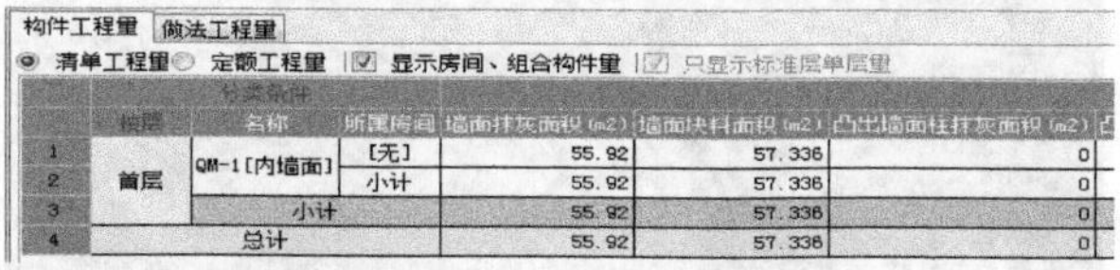

构件工程量　做法工程量

清单工程量　定额工程量　显示房间、组合构件量　只显示标准层单层量

	分类条件						
	楼层	名称	所属房间	墙面抹灰面积(m2)	墙面块料面积(m2)	凸出墙面柱抹灰面积(m2)	凸
1	首层	QM-1[内墙面]	[无]	55.92	57.336	0	
2			小计	55.92	57.336	0	
3		小计		55.92	57.336	0	
4	总计			55.92	57.336	0	

图 15-8　施工电算工程量示意图

6. 技巧分享

计算抹灰油漆工程按计算规则计算，即指计算其面积门窗侧面积不计。

15.3　刮　腻　子

项目名称：011406003　　　　项目名称：刮腻子

【例 15-3】 已知某封闭房屋内墙需要刮腻子两遍，其内墙长度为 6m，宽度为 5m，高度为 3m，门的尺寸为 1.2m×2m，墙厚为 240mm，求刮腻子工程量。

解：

1. 刮腻子现场图

刮腻子现场图如图 15-9 所示。

图 15-9　刮腻子现场图

2. 房屋三维立体效果图

房屋三维立体效果图如 15-10 所示。

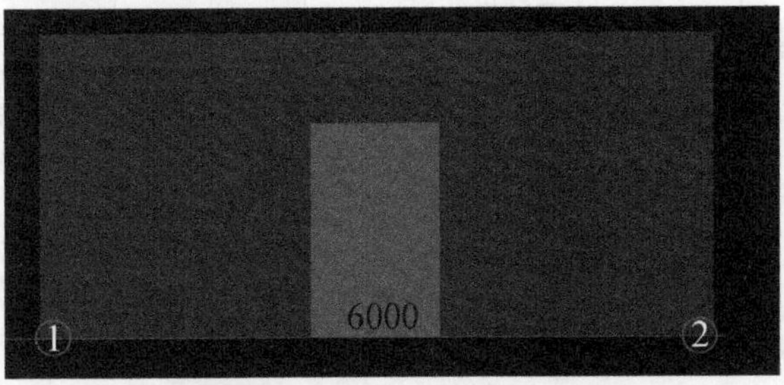

图 15-10　房屋三维立体效果图

3. 房屋平面图

房屋平面图如图 15-11 所示。

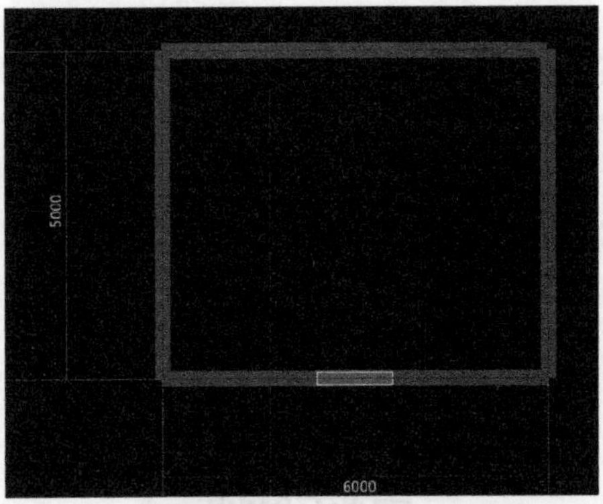

图 15-11　房屋平面图

4. 手工算量

1) 计算规则

按设计图示尺寸以面积计算。

2) 工程量计算

$$[(6-0.24+5-0.24)\times2\times3-1.2\times2.0]\text{m}^2=60.72\text{m}^2$$

5. 电算工程量

刮腻子电算工程量示意图如图 15-12 所示。

构件工程量 | 做法工程量

清单工程量 定额工程量 显示房间、组合构件量 只显示标准层单层量

	分类条件					
	楼层	名称	所属房间	墙面抹灰面积(m2)	墙面块料面积(m2)	凸出墙面柱抹灰面积(m2)
1	首层	QM-1[内墙面]	[无]	60.72	61.344	0
2			小计	60.72	61.344	0
3		小计		60.72	61.344	0
4	总计			60.72	61.344	0

图 15-12 刮腻子电算工程量示意图

6. 技巧分享

计算时按照计算规则，扣除门窗面积。

第 15 章 油漆、涂料、裱糊工程.ppt

第16章 小玩意儿的装饰工程

其他装饰工程的类型和计算规则.mp3

16.1　钢扶手栏杆

项目编码：011503001　　项目名称：金属扶手栏杆

【例 16-1】 已知某多层建筑地上二层，首层层高为 4.2m，二层层高为 3.77m。其中有现浇混凝土楼梯立面图如图 16-1 所示(一号楼 a-a 剖面图)，首层底标高为±0.00m，二层层高为+4.20m、转向平台标高为+2.18m，弯头的长度为 0.4m，问楼梯栏杆扶手的工程量为多少？(小数点后保留两位)

解：

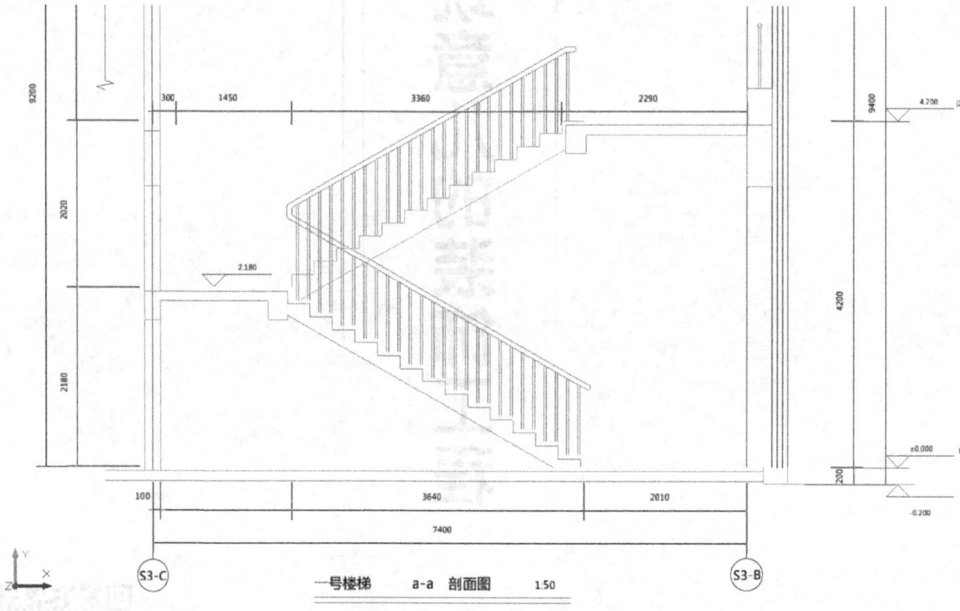

图 16-1　一号楼 a-a 剖面图

1. 钢扶手现场示意图

钢扶手现场示意图如图 16-2 所示。

2. 楼梯三维立体效果图

楼梯三维立体效果图如图 16-3 所示。

图 16-2　钢扶手现场示意图

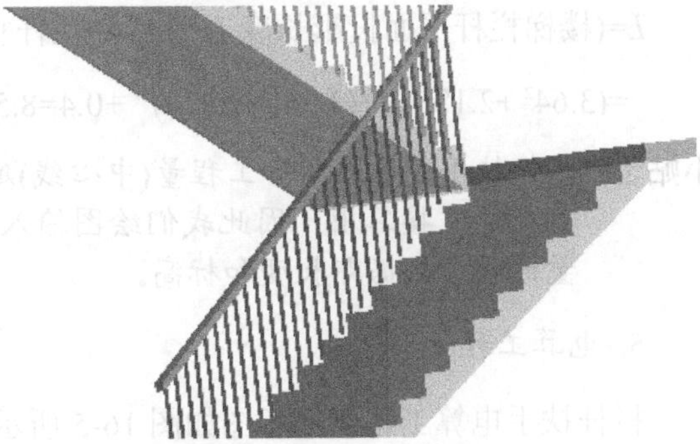

图 16-3　楼梯三维立体效果图

3. 楼梯平面图

楼梯平面图如图 16-4 所示。

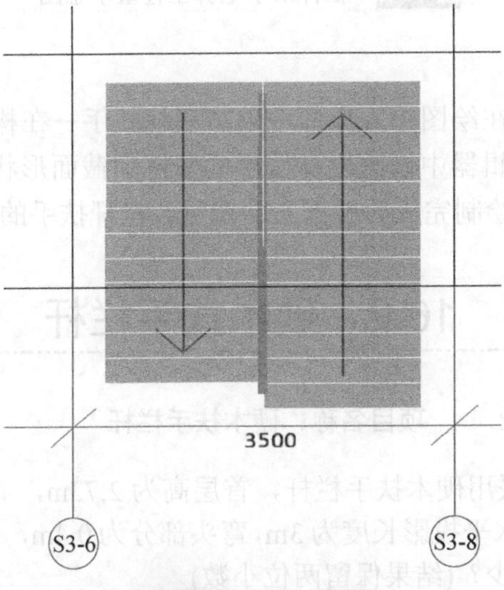

图 16-4　楼梯平面图

4. 手工清单算量

1)　工程量计算规则

栏杆扶手：按设计图示尺寸以延长米计算。

2) 工程量计算

L=(楼梯栏杆平面投影长度 L_1^2 +楼梯栏杆垂直高差 L_2^2)$^{\frac{1}{2}}$

$=(3.64^2+2.18^2)^{\frac{1}{2}}+(3.36^2+2.02^2)^{\frac{1}{2}}+0.4=8.56\text{m}$

小贴士：栏杆扶手是依照实际工程量(中心线)延长米包括弯头长度计算工程量的，根据三角函数能直接算出，因此我们绘图输入工程量的时候要额外注意影响栏杆扶手工程量的两个数据即长度和标高。

5. 电算工程量

栏杆扶手电算工程量示意图如图 16-5 所示。

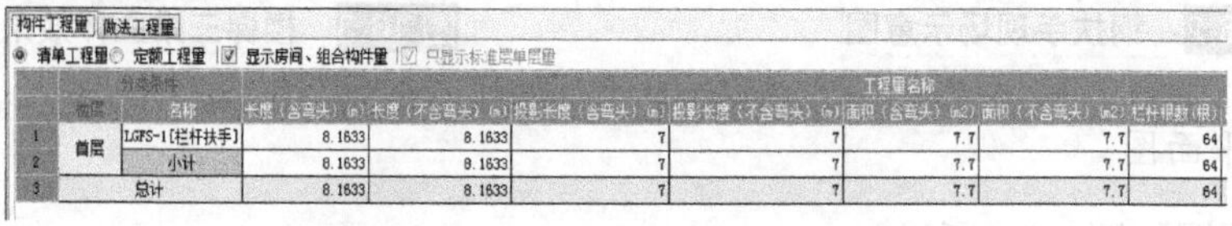
构件工程量 做法工程量
清单工程量 定额工程量 显示房间、组合构件量 只显示标准层单层量

	分类条件		工程量名称						
	楼层	名称	长度（含弯头）(m)	长度（不含弯头）(m)	投影长度（含弯头）(m)	投影长度（不含弯头）(m)	面积（含弯头）(m2)	面积（不含弯头）(m2)	栏杆根数(根)
1	首层	LGFS-1[栏杆扶手]	8.1633	8.1633	7	7	7.7	7.7	64
2		小计	8.1633	8.1633	7	7	7.7	7.7	64
3	总计		8.1633	8.1633	7	7	7.7	7.7	64

图 16-5 栏杆扶手电算工程量示意图

6. 技巧分享

栏杆扶手绘制步骤：在绘图输入界面中单击栏杆扶手→在构件列表中单击“新建”→新建栏杆扶手→在属性编辑器中修改栏杆扶手的属性如截面形状、截面宽高度等→单击绘图按钮绘入柱构件→构建绘制完成后根据立面图更改栏杆扶手的起点和终点底标高。

16.2 硬木扶手栏杆

项目编码：011503002　　项目名称：硬木扶手栏杆

【例 16-2】 某楼层采用硬木扶手栏杆，首层高为 2.72m，栏杆高度为 900mm，楼梯水平投影长度为 3m，弯头部分为 0.4m，求这一段扶手工程量是多少？(结果保留两位小数)

解：

1. 木扶手栏杆现场示意图

木扶手栏杆现场示意图如图 16-6 所示。

图 16-6 木扶手栏杆现场图

2. 木扶手平面图

木扶手平面图如图 16-7 所示。

3. 木扶手三维立体效果图

木扶手三维立体效果图如图 16-8 所示。

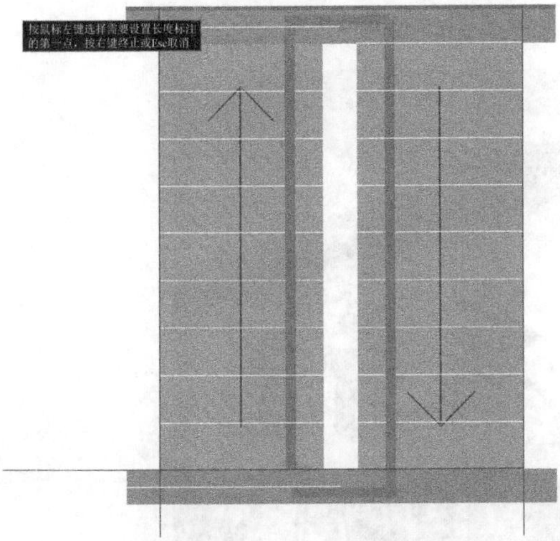

图 16-7 木扶手平面图

图 16-8 木扶手三维立体效果图

4. 手工清单算量

1) 计算规则

按设计图示以扶手中心线长度(包括弯头长度)计算。

2) 工程量计算

$$一段楼梯的高度=2.72\div2=1.36\text{m}$$

$$扶手的长度=(3^2+1.36^2)^{\frac{1}{2}}\times2+0.4=3.29\times2+0.4=6.98\text{m}$$

5. 技巧分享

即求斜边长度，用勾股定理求出第三边。

16.3 有机玻璃字

项目编码：011508002　　项目名称：有机玻璃字

【例 16-3】 设计某商店平面招牌，长度为 20m，高度为 1.2m，面层为不锈钢，采用有机玻璃字，共 9 个，蓝色，尺寸为 500mm×500mm。计算平面招牌、有机玻璃字的工程量。

解：

1. 有机玻璃字招牌实物图

有机玻璃字招牌实物图如图 16-9 所示。

图 16-9　有机玻璃字招牌实物图

2. 手工清单算量

1)　计算规则

按设计图示数量计算。

2)　工程量计算

平面招牌工程量：$20\times1.2m^2=24m^2$

有机玻璃字工程量：9 个

3. 技巧分享

招牌工程量按其面积进行计算，有机玻璃字按图示个数计其工程量。

第 16 章 其他装饰工程.ppt

第17章 爆破、拆除两手抓！

拆除工程计算规则.mp3

17.1 爆破砖砌体

项目编码：011601001　　　项目名称：砖砌体拆除

【例 17-1】 某建筑外围有一段砖砌的墙体，墙高高为 2.5m，墙厚为 400mm，尺寸如图 17-3 所示，现在准备拆除重建，试求拆除的工程量。

解：

1. 砖砌体现场示意图

砖砌体现场示意图如图 17-1 所示。

图 17-1　砖砌体现场示意图

2. 砖砌体三维效果图

砖砌体三维效果图如图 17-2 所示。

3. 砖砌体平面图

砖砌体平面图如图 17-3 所示。

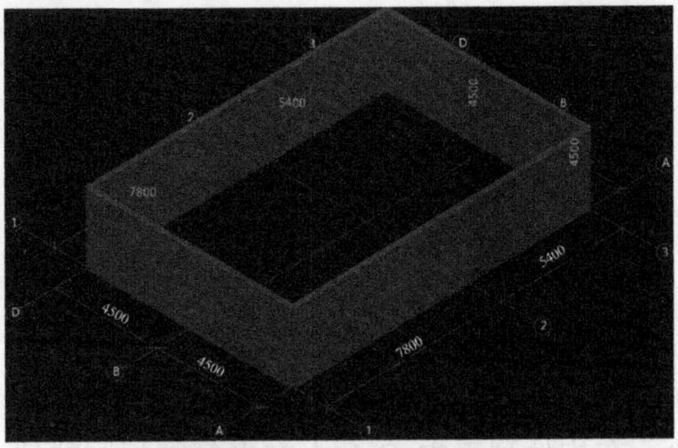

图 17-2 砖砌体三维效果图

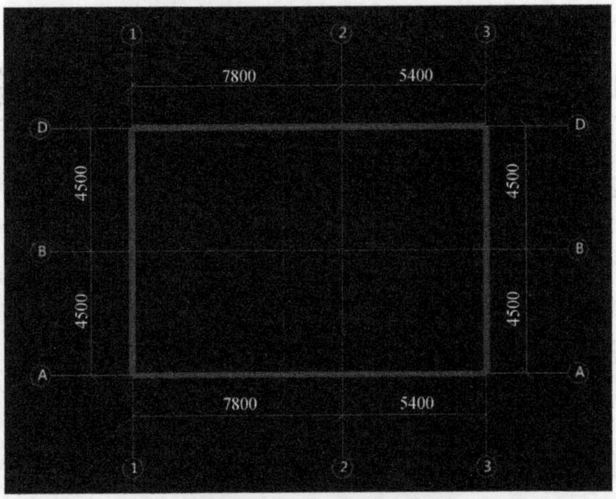

图 17-3 砖砌体平面图

4. 手工清单算量

1) 工程量计算规则

(1) 以立方米计量，按拆除的体积计算。

(2) 以米计量，按拆除的延长米计算。

2) 工程量计算

砌体墙的截面积 S=0.4×2.5m^2=1m^2

砌体墙的周长 L=(4.5+4.5+7.8+5.4)×2m=44.4m

砌体墙的体积 V=S×L=1×44.4m^3=44.4m^3

5. 电算工程量

砌体墙电算工程量示意图如图 17-4 所示。

◉ 清单工程量○ 定额工程量 ☑ 显示房间、组合构

	分类条件		工程量名称	
	楼层	名称	长度(m)	墙体积(m3)
1	首层	Q-1[外墙]	44.4	44.4
2		小计	44.4	44.4
3	总计		44.4	44.4

图 17-4　砌体墙电算工程量示意图

6. 技巧分享

在绘图输入界面中单击“墙”→在构件列表中单击“新建”→新建内墙外墙→在属性编辑器中修改墙的属性→在构件列表中 Q-1 上右击复制相同的墙→单击绘图按钮绘入墙构件。

17.2　混凝土钢筋混凝土的拆除

项目编码：011602001　　　　项目名称：混凝土及钢筋混凝土构件拆除

【例 17-2】 已知某拆迁工程施工过程中遇到一单层建筑，建筑结构形式为框架结构，首层层高为 4m。梁的截面尺寸如图 17-6 所示，柱的截面尺寸如图 17-7 所示，根据图示试计算首层需要拆除的梁柱的工程量。(小数点后保留两位)

解：

1. 框架柱现场示意图

框架柱现场示意图如图 17-5 所示。

图 17-5　框架柱现场示意图

2. 框架柱平面图及柱配筋平面图

框架柱平面图及柱配筋图如图 17-6、图 17-7 所示。

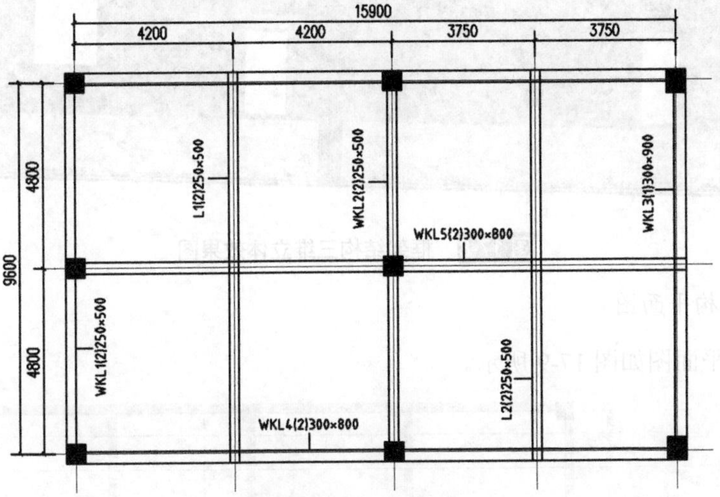

图 17-6 框架柱平面图

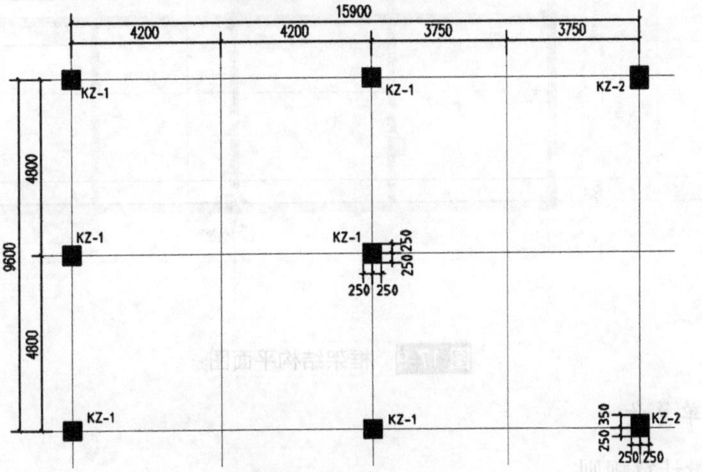

图 17-7 柱配筋平面图

3. 框架结构三维立体效果图

框架结构三维立体效果图如图 17-8 所示。

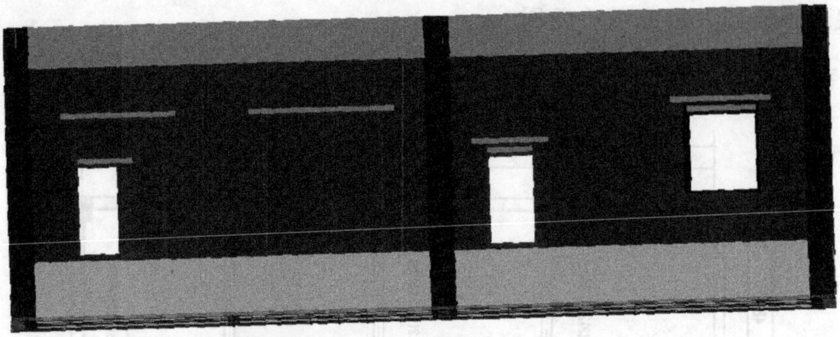

图 17-8 框架结构三维立体效果图

4. 框架结构平面图

框架结构平面图如图 17-9 所示。

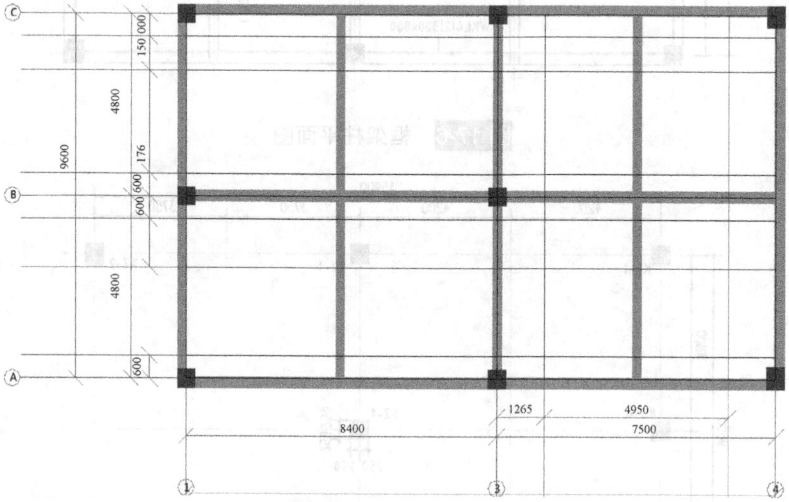

图 17-9 框架结构平面图

5. 手工清单算量

1) 工程量计算规则

(1) 柱：按设计图示尺寸以体积计算。

(2) 梁：按设计图示尺寸以体积计算，扣重叠部分体积。

2) 工程量计算

(1) $V_{柱}$=截面积×层高(不扣除梁、板体积)

$=0.5\times0.5\times4\times6+0.5\times0.6\times4\times2\text{m}^3=8.40\text{m}^3$

小贴士：0.5×0.5 和 0.5×0.6——矩形柱的截面尺寸。

4——层高，即矩形柱的高度。

6 和 2——框架柱根数。

(2) $V_{梁}$=截面积×梁长度(扣除与柱子重叠部分体积)。

$V_{WKL1}=V_{WKL2}=0.25\times0.5\times(9.6-1)m^3=1.08m^3$

$V_{L1}=V_{L2}=0.25\times0.5\times(9.6-0.5\times2)m^3=1.15m^3$

$V_{WKL3}=0.3\times0.9\times(9.6-0.35\times2)m^3=2.40m^3$

$V_{WKL4}=0.3\times0.8\times(15.9-1)m^3=3.58m^3$

$V_{WKL5}=0.3\times0.8\times(15.9-0.75-0.05)m^3=3.62m^3$

$V_{梁}=V_{WKL1}\times2+L1\times2+V_{WKL3}+V_{WKL4}\times2+V_{WKL5}=17.64m^3$

$V_{总}=V_{梁}+V_{柱}=24.63m$

6. 电算工程量

混凝土构建拆除电算工程量示意图如图 17-10 和图 17-11 所示。

	分类条件			工程量名称							
	楼层	名称	砼标号	周长(m)	体积(m3)	模板面积(m2)	数量(根)	超高模板面积(m2)	脚手架面积(m2)	高度(m)	截面面积(m2)
1	首层	KZ-1	C30	4	2	15.82	2	12.8	0	8	0.5
2			小计	4	2	15.82	2	12.8	0	8	0.5
3		KZ-2	C30	2	1	7.91	1	6.4	0	4	0.25
4			小计	2	1	7.91	1	6.4	0	4	0.25
5		KZ-3	C30	4	2	15.64	2	12.8	0	8	0.5
6			小计	4	2	15.64	2	12.8	0	8	0.5
7		KZ-4	C30	2	1	7.82	1	6.4	0	4	0.25
8			小计	2	1	7.82	1	6.4	0	4	0.25
9		KZ-5	C30	2.2	1.2	8.59	1	7.04	0	4	0.3
10			小计	2.2	1.2	8.59	1	7.04	0	4	0.3
11		KZ-6	C30	2.2	1.2	8.59	1	7.04	0	4	0.3
12			小计	2.2	1.2	8.59	1	7.04	0	4	0.3
13		小计		16.4	8.4	64.37	8	52.48	0	32	2.1
14	总计			16.4	8.4	64.37	8	52.48	0	32	2.1

图 17-10 混凝土拆除电算工程量示意图

	分类条件		工程量名称								
	楼层	名称	体积(m3)	模板面积(m2)	截面周长(m)	梁净长(m)	轴线长度(m)	超高模板面积(m2)	脚手架面积(m2)	砖胎膜体积(m3)	单梁抹灰面积(m2)
1	首层	L1 (2)	1.15	11.5	1.5	9.2	9.8	9.292	0	0	0
2		L2 (2)	1.15	11.5	1.5	9.2	9.775	11.5	0	0	0
3		WKL1 (2)	1.075	10.75	1.5	8.6	9.6	8.686	0	0	0
4		WKL2 (2)	1.075	10.75	1.5	8.6	9.6	8.686	0	0	0
5		WKL3 (1)	2.403	18.21	2.4	8.9	9.6	16.074	0	0	0
6		WKL4 (2)	7.152	56.12	4.4	29.8	31.8	46.2752	0	0	0
7		WKL5 (2)	3.624	28.19	2.2	15.1	15.9	27.0548	0	0	0
8		小计	17.629	147.02	15	89.4	96.075	127.568	0	0	0
9	总计		17.629	147.02	15	89.4	96.075	127.568	0	0	0

图 17-11 混凝土拆除电算工程量示意图

7. 技巧分享

(1) 框架柱在软件中的绘制步骤：双击“柱”→在构件列表中单击“新建”→新建柱→在属性编辑器中修改柱的属性截面尺寸→单击绘图按钮绘制柱。

(2) 梁在软件中的绘制步骤：点开梁→在构件列表中单击“新建”→新建梁→在属性

编辑器中修改数据→单击绘图绘制。

17.3 没拆够？这有栏杆、隔断墙啊！

项目编码：011609001　　　项目名称：栏杆、栏板拆除

【例 17-3】 某人准备更换自家阳台上的栏杆，已知栏杆高度为 1.1m，根据图示尺寸，计算栏杆工程量。

解：

1. 栏杆现场示意图

栏杆现场示意图如图 17-12 所示。

图 17-12 栏杆现场示意图

2. 栏杆三维立体效果图

栏杆三维立体效果图如图 17-13 所示。

3. 栏杆平面图

栏杆平面图如图 17-14 所示。

4. 手工清单算量

1) 工程量计算规则

(1) 以平方米计量，按拆除部位的面积计算。

(2) 以米计量，按拆除的延长米计算。

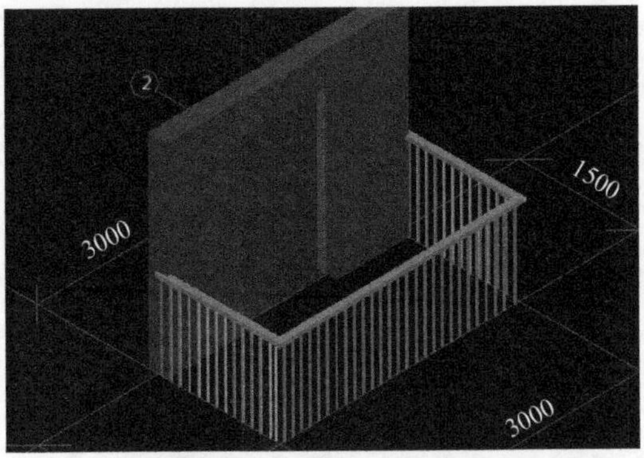

图 17-13 栏杆三维立体效果图

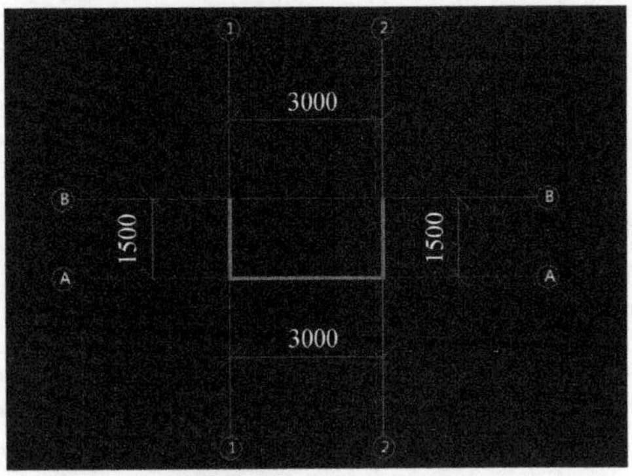

图 17-14 栏杆平面图

2) 工程量计算

栏杆的周长 L=(1.5+3+1.5)m=6m

栏杆的面积 S=L×H=6×1.1m^2=6.6m^2

5. 电算工程量

拆除栏杆电算工程量示意图如图 17-15 所示。

构件工程量 做法工程量

◉ 清单工程量 ○ 定额工程量 ☑ 显示房间、组合构件量 ☑ 只显示标准层单层量

	分类条件		工程量名称			
	楼层	名称	长度（含弯头）(m)	长度（不含弯头）(m)	面积（含弯头）(m2)	面积（不含弯头）(m2)
1	首层	LGFS-1[栏杆扶手]	6	6	6.6	6.6
2		小计	6	6	6.6	6.6
3	总计		6	6	6.6	6.6

图 17-15 拆除栏杆电算工程量示意图

6. 技巧分享

在绘图输入界面中单击“栏杆”→在构件列表中单击“新建”→新建栏杆扶手→在属性编辑器中修改栏杆扶手的属性→单击绘图按钮绘入栏杆扶手构件。

木材面油漆.mp3

裱糊工程.mp3

第 17 章 拆除工程.ppt